개정판

군사학 연구총서 ①

NCS National Competency Standards 기반

軍 초급 간부를 위한 리더십

이해와 실천

LEADERSHIP

강경표 · 이승진 · 한만민

학군제휴 협약대학교 협의회 감수

도서출판 진영사

NCS 기반

軍 초급 간부를 위한 리더십

강경표, 이승진, 한만민

2018년 1월 16일 초판 인쇄
2018년 1월 22일 초판 발행
2019년 2월 25일 초판 2쇄 인쇄
2019년 2월 28일 초판 2쇄 발행
2023년 1월 30일 개정판 인쇄
발행인 박 진 영
발행처 도서출판 진영사
인천광역시 부평구 주부토로 236 인천테크노밸리 U1 지식산업센터 B동 1507호
전화 : 032)505-4207
팩스 : 032)505-4206
E-mail : 0183734207@hanmail.net
신고번호 : 제2007-000001호

ISBN 978-89-6541-591-6 93390
값 16,000원

차 례

제 I 장 NCS

제1절 체계[1)]

1. 직무모형

직업(군)	직무명	능력단위(책무)	작업(능력단위요소)	기타
군(軍)	국방 기초	군 기본자세 확립 조직(부대)관리방법 이해 전투지휘방법 설명	가치관, 국가관, 윤리의식 갖추기 조직(부대)관리 방법 이해하기 복지 및 사기진작 방법 이해하기 전쟁사 이해하기	관련 자격증 없음

2. 수행준거

작업(능력단위요소)	수행준거	
가치관, 국가관, 윤리의식 갖추기	1.1	• 리더의 윤리를 설명할 수 있다.
	1.2	• 군인정신을 설명할 수 있다.
	1.3	• 군 리더십을 개발할 수 있다.
조직(부대)관리 방법 이해하기	3.1	• 조직(부대)원의 행동 특성을 설명할 수 있다.
	3.2	• 조직(부대)관리 중요성을 설명할 수 있다.
	3.3	• 병영생활의 의의를 설명할 수 있다.
복지 및 사기진작 방법 이해하기	3.1	• 병원관리의 개념을 설명할 수 있다.
	3.2	• 병영생활 행동강령을 설명할 수 있다.
	3.5	• 군 인권의 특징을 설명할 수 있다.
전쟁사 이해하기	5.11	• 전장 리더십을 설명할 수 있다.
	5.13	• 임무형지휘에 대해 설명할 수 있다.

3. 수행준거지식 · 기술 · 태도

지식	• 리더십의 정의와 중요성을 이해한다. • 바람직한 리더십 기법을 이해한다. • 병영생활에서의 리더십을 적용할 수 있다. • 전장상황하에서 리더십을 적용할 수 있다.
기술	• 인문사회학으로 미기술
태도	• 리더십에 대해 이해하려는 태도를 기른다. • 리더십 기법을 이해하여 병영생활에서 리더십을 적용하려는 태도를 보인다. • 전장상황하에서 리더십을 적용할 수 있는 태도를 보인다.

4. 핵심용어 : 리더십, 조직, 병영생활, 전장

1) NCS(국가직무능력표준, national competency standards)는 산업현장에서 직무를 수행하기 위해 요구되는 지식·기술·소양 등의 내용을 국가가 산업부문별·수준별로 체계화한 것으로, 국가적 차원에서 표준화한 것

제2절 교수학습 방법

1. 학습목표 : 군 리더십을 설명할 수 있다.

2. 단원별 학습목표

구분	세부 단원	주차	목 표
1절 리더십 이론	• 리더십의 개념	1	• 리더십의 개념을 설명할 수 있다.
	• 리더십의 구성요소	1	• 리더십의 구성요소를 설명할 수 있다.
	• 리더십 환경	2	• 리더십 환경을 설명할 수 있다.
	• 리더십 이론과 발전	2	• 리더십의 이론과 발전을 설명할 수 있다.
2절 리더십과 조직의 이해	• 리더십의 주요 기능	3	• 리더십의 주요 기능을 설명할 수 있다.
	• 리더의 영향력 발휘	4	• 리더십 발휘 개념상에 나타난 영향력, 권력, 권한의 의미를 설명할 수 있다.
	• 조직과 관리	5	• 리더십과 관리의 차이점을 설명할 수 있다.
3절 군 조직과 환경 변화	• 군 조직의 특성	6	• 군 조직의 임무와 특성을 설명할 수 있다.
	• 군 문화 및 의식구조	6	• 병영문화와 신세대 장병들의 의식구조를 설명할 수 있다.
	• 군 환경의 변화	7	• 미래 전장 환경의 개념과 특징을 설명할 수 있다.
4절 군 리더십 계발	• 군 리더십	9	• 군 리더와 군 리더십에 대해서 설명할 수 있다.
	• 군 리더의 역할	9	• 군 리더의 역할에 대해서 설명할 수 있다.
	• 군 리더의 요구되는 자질	10	• 군 리더의 요구되는 자질에 대해서 설명할 수 있다.
	• 군 리더의 능력	11	• 군 리더의 능력에 대해서 설명할 수 있다.
	• 군 리더십의 원칙	12	• 군 리더십의 원칙에 대해서 설명할 수 있다.
	• 군 리더십 수준	12	• 군 리더십 수준을 설명할 수 있다.
5절 초급 간부의 유형별 리더십 발휘	• 병영생활 리더십	13	• 병영생활 간 적용할 수 있는 리더십을 설명할 수 있다.
	• 전장 리더십	13	• 전장 리더십을 설명할 수 있다.
	• 임무형지휘	14	• 임무형지휘에 대하여 설명할 수 있다.
	• 외국군 리더십	14	• 외국군 리더십을 설명할 수 있다.

3. 교수 방법(활동)

주차별 활동	• 학습자가 알아야 할 필요 지식을 ppt를 이용하여 강의식 교육 • 학습이 종료된 후에 학생들이 강의 내용에 대하여 전반적인 내용을 숙지하였는지 질의응답을 통하여 확인 • 지식 설명이 끝나면 과제 부여 수시평가(과제평가)하고 결과 검토
단원별 활동	• 단원 종료 후 단원별 수시평가 진행
종합 활동	• 학습 시작 전 사전 진단평가 진행 학습자 수준 파악 • 직무능력 평가(1차, 2차) : 별도 문제 구성 • 직무능력 평가 결과(2차 종료 후)에 따라 향상 및 심화 교육 진행 • 학습 종료 후 사후 진단평가 진행 학습자 성취수준 확인

4. 교수학습 준비물 : 지식 내용 ppt, 참조자료, 관련서적

5. 학습 방법(활동)

주차별 활동	• 필요 지식에 대해 교수로부터 강의 경청 • 수시평가(과제평가)후 수행 문안 토의 / 작성
단원별 활동	• 단원 종료 후 단원별 평가(1/2단원, 3/4단원 통합) : 별도 문제 구성
종합 활동	• 학습 시작전 사전 진단평가 • 직무능력 평가 결과(2차 종료 후)에 따라 향상 및 심화 교육 • 학습 종료 후 사후 진단평가

6. 교육 정보

- 군(육군) 리더십센터
- 각종 리더십 서적 / 강의 동영상
- 사설 리더십 연구소
- 시사자료

제3절 평가 및 환류

- 진단평가(사전, 사후) : 교과목 수행 이전 / 교과목 종료 후
- 수시평가(피평가자 체크리스트) : 과제평가(세부 단원별)
- 직무능력 평가(1차, 2차) : 성취수준 평가
- 환류(향상/심화 교육) : 성취수준 1미만 항목은 향상교육, 전 항목 4이상은 심화교육

1. 진단평가(사전 / 사후)

가. 개념

(1) 평가내용 : 학습 성과를 달성하는데 필요한 기본 지식 이해 여부

(2) 평가시기 : 1주차 / 과정 종료 시

(3) 평가방법 : 자가진단 방법으로 학생 스스로 수준을 평가

(4) 고려사항 : 성적에 포함되는 것이 아니므로 솔직히 응답하며
과정 종료 후 동일 문항 사후 진단평가 실시

나. 활용 : 평가 결과에 따라 미흡한 항목은 수업 진행시 특별히 관심 유지 성취수준을 달성할 수 있도록 지도, 차후 교육에 반영

XXXXXXXXXXXXXXXXXXXXXXXXXXXXXXXXXXXXXXXXXXXXXXXXXXXXX

문 항	자가진단		
	미흡 (1)	보통 (2)	우수 (3)
1. 리더의 윤리를 설명할 수 있다.			
2. 군인정신을 설명할 수 있다.			
3. 군 리더십을 설명할 수 있다.			
4. 조직(부대)원의 행동 특성을 설명할 수 있다.			
5. 조직(부대)관리 중요성을 설명할 수 있다.			
6. 병영생활의 의의를 설명할 수 있다.			
7. 병원관리의 개념을 설명할 수 있다.			
8. 병영생활 행동강령을 설명할 수 있다.			
9. 군 인권의 특징을 설명할 수 있다.			
10. 전장 리더십을 설명할 수 있다.			
11. 임무형지휘에 대해 설명할 수 있다.			
계			

2. 수시평가(과제평가)

가. 개념 : 세부 단원 종료 시 및 토의 후 작성 개인별 제출

나. 활용 : 주차별로 누적하여 과제 평가에 반영
리더십의 주요 이론에 대해서 이해할 수 있다.

3. 직무능력평가(1차, 2차)

가. 개념 : 성취도 확인

나. 활용 : 성적 반영

다. 평가 시점 / 문제 구성 : 각 단원(2개 단원) 종료 후 실시 / 별도

라. 평가 준거

(1) 1차 직무능력 평가

학습 내용(단원명)		평가항목(수행준거)	성취수준			
			1	2	3	4
1절 리더십 이론	• 리더십의 개념	• 리더십 개념을 설명할 수 있다.		0		
	• 리더십의 구성요소	• 구성요소를 설명할 수 있다.		0		
	• 리더십 환경	• 리더십 환경을 설명할 수 있다.		0		
	• 리더십 이론의 발전	• 리더십 이론을 설명할 수 있다.		0		
2절 리더십과 조직의 이해	• 리더십의 중요 기능	• 주요 기능을 설명할 수 있다.		0		
	• 리더의 영향력 발휘	• 리더의 영향력을 설명할 수 있다.		0		
	• 조직과 관리	• 조직(부대)관리 중요성을 설명할 수 있다.		0		
3절 군 조직과 환경 변화	• 군 조직의 특성	• 병영생활 행동강령을 설명할 수 있다.		0		
	• 군 문화와 의식구조	• 군 인권의 특징을 설명할 수 있다.		0		
	• 군 환경의 변화	• 병영생활의 의의를 설명할 수 있다.		0		

(2) 2차 직무능력 평가

<table>
<tr><th colspan="2" rowspan="2">학습 내용(단원명)</th><th rowspan="2">평가항목(수행준거)</th><th colspan="4">성취수준</th></tr>
<tr><th>1</th><th>2</th><th>3</th><th>4</th></tr>
<tr><td rowspan="6">4절
군 리더십
계발</td><td>• 군 리더십</td><td>• 군인정신을 설명할 수 있다.</td><td></td><td>0</td><td></td><td></td></tr>
<tr><td>• 군 리더의 역할</td><td>• 조직(부대)원의 행동 특성을 설명할 수 있다.</td><td></td><td>0</td><td></td><td></td></tr>
<tr><td>• 군 리더의 요구되는 자질</td><td>• 병원관리의 개념을 설명할 수 있다.</td><td></td><td>0</td><td></td><td></td></tr>
<tr><td>• 군 리더의 능력</td><td>• 조직(부대)원의 행동 특성을 설명할 수 있다.</td><td></td><td>0</td><td></td><td></td></tr>
<tr><td>• 군 리더십의 원칙</td><td>• 군 리더십을 계발할 수 있다.</td><td></td><td>0</td><td></td><td></td></tr>
<tr><td>• 군 리더십 수준</td><td>• 군 리더십 수준을 설명할 수 있다.</td><td></td><td></td><td></td><td></td></tr>
<tr><td rowspan="4">5절
초급
간부의
유형별
리더십
발휘</td><td>• 병영생활 리더십</td><td>• 병원관리의 개념을 설명할 수 있다.</td><td></td><td>0</td><td></td><td></td></tr>
<tr><td>• 전장 리더십</td><td>• 전장 리더십을 설명할 수 있다.</td><td></td><td>0</td><td></td><td></td></tr>
<tr><td>• 임무형지휘</td><td>• 임무형지휘에 대해 설명할 수 있다.</td><td></td><td>0</td><td></td><td></td></tr>
<tr><td>• 외국군 리더십</td><td>• 군 리더십을 개발할 수 있다.</td><td></td><td>0</td><td></td><td></td></tr>
</table>

(3) 성취 수준

단계	성취 수준	비 고
1	• 누군가 상당히 도와주어야만 이 지식을 일부만 가지고 작업할 수 있다.	70% 미만
2	• 이 지식으로 만족스럽게 작업할 수 있지만 어떤 사람의 도움이나 감독이 필요하다	70% 이상
3	• 도움이나 감독 없이도 이 지식으로 만족스럽게 작업할 수 있다	80% 이상
4	• 누구의 감독 없이도 주도적으로 이 지식을 활용하여 주어진 상황에서 작업할 수 있다	90% 이상

4. 평가 방법

가. 세부 단원별 전 항목 성취수준 2 이상 도달 시 합격으로 판정

나. 성취수준 1미만 항목은 향상교육, 전 항목 4 이상은 심화교육

5. 향상 및 심화교육

가. 향상교육 및 평가

기 준	방 법
• 1단계 미만 학습자	• 개인별로 이해하지 못한 부분에 대해 질의 응답식으로 진행 • 단원별 핵심사항 재설명

나. 심화교육

기 준	방 법
• 전 단계 4단계 이상 성취수준 도달자	• 병서에 등장하는 리더십에 대한 소개 교육

제Ⅱ장 단원 편성

제1절 리더십 이론

구분	학습 목표	평 가
1	• 리더십 개념을 설명할 수 있다.	• 세부 단원 종료 후 수시평가 • 전 단원 종료 후 단원평가
2	• 리더십 구성요소를 설명할 수 있다.	
3	• 리더십 환경을 설명할 수 있다.	
4	• 리더십 이론과 발전 과정을 설명할 수 있다.	

1. 리더십의 개념

가. 리더십의 정의

리더십은 조직의 목표를 달성하는 데 있어 매우 중요한 변수로 조직관리의 열쇠가 된다. 따라서 조직 성과의 성공과 실패를 언급할 때 리더십의 중요성이 대두되는 것이며, 리더십에서는 리더가 강조된다. 이는 리더가 조직 구성원들과의 상호과정을 통해서 조직의 성과나 목표를 달성하는 핵심 역할을 하기 때문이다.

(1) 리더

리더란 부여된 역할과 책임을 바탕으로 목표와 임무를 달성하기 위하여 구성원과 상호작용하면서 영향력을 미치는 자로서 공식적으로 임명된 자를 의미한다. 또한 리더는 조직의 규모나 계급, 직책에 구애됨이 없는 비공식적인 상황에서도 임무를 부여받거나 역할과 책임을 수행하는 자도 그 범주에 포함될 수 있다. 전자를 공식 리더, 후자를 비공식 리더라 한다.

공식 리더란 공식 조직에서의 '장' 등의 책임자를 의미한다. 이를테면 직장에의 사장과 팀장, 군대에서의 지휘관과 부서의 '장' 등이 그 예이다. 공식적 리더는 책임을 완수하기 위해 구성원들을 이끌며 공식적인 권한을 가지고 행사한다. 반면 비공식 리더란 비공식적 조직에서 구성원들에게 실질적인 영향력을 행사하여 집단을 이끄는 리더이다. 즉 공식적인 권한은 없거나 적지만 자신의 영향력으로 구성원들을 이끌며 구성원들의 지지를 받는다.

이렇듯 리더는 조직이나 집단에서 실질적인 영향력을 가지고 역할을 수행하면서 구성원들을 이끌어 책임을 완수하는 자이다. 이러한 리더는 자신의 능력과 상황에 따라 적절한 리더십을 발휘하여 임무를 완수하기도 하고 또한 임무수행에 실패하기도 한다. 따라서 '어떤 리더가 조직을 이끄느냐?'에 따라서 또는 '리더의 역량이 어느 정도 수준인가?'에 따라서 그 조직의 목표나 성과 또는 미래가 사뭇 다르게 나타날 수 있다.

(2) 리더십

리더십은 손으로 만져보거나 눈으로 보면서 개량할 수 없는 사회적 개념이기 때문에 그 정의는 연구자의 입장이나 관점에 따라 다양하게 정의된다. 즉 리더십의 의미는 '구성원에 대한 영향력', '부여된 권한' 등을 어떻게 보느냐에 따라 다양하게 정의될 수 있다.

포괄적 의미에서 리더십이란 '리더가 조직의 목표를 달성하기 위하여 구성원들을 동기화시키고 그들과 함께 상호작용하면서 영향력을 미치는 과정'이라 할 수 있다. 이 과정에서 리더는 조직의 성패를 좌우하며, 구성원에 대한 동기화 능력과 영향력 발휘를 활동의 근간으로 삼는다. 최근의 리더십은 사회의 가치관과 이해의 폭이 넓어짐에 따라 리더와 구성원 사이에 작용하는 리더십뿐만 아니라 나와 동료 사이에 영향을 미치는 파트너십, 조직의 구성원들 사이에 작용하는 팔로워십 등을 모두 포함하고 있다.

또한 군(軍)에서의 리더십이란 리더가 군이 지향하는 가치를 바탕으로 구성원에게 목적, 방향, 동기를 부여하여 임무와 목표를 달성하고 조직과 구성원이 지속적으로 발전하도록 상호작용하는 과정으로 이해되기도 한다. 군의 모든 구성원은 지휘계통상의 상관과 부하로서 상명하복(上命下服)의 관계를 기본으로 하면서도 계급이나 직책에 상관없이 임무 수행 과정에서 '누가 상대적으로 주도적인 영향을 미치는가?'에 따라 이끌고 따르는 관계가 형성된다. 즉 특정한 임무 수행 과정에서 주도적으로 상황을 이끌어가는 구성원이 리더이며 리더의 영향에 따르는 자는 팔로워이다.

Stogdill(1974)은 리더십에 관한 문헌을 광범위하게 조사한 후 '리더십에 대한 정의는 리더십을 연구한 사람의 수만큼 복잡하고 다양하다.'라고 정의한 바 있다.[2] 또한 Sergivanni(1984)는 '리더십 행위는 문화의 표현이며, 이는 전체조직이나 그 하부조직에 독특한 의미를 부여하는 조직 충성심으로 나타난다.'고 말하고 있다.[3] 또 Yuki는 리더십을 '집단 및 조직의 목표 결정 과정에 참여하고, 이를 목표 추구를 위한 동기를 유발하며, 집단의 유지 및 문화 형성에 미치는 과정'이라 정의하고 있다.[4]

이외에도 한국군 육군 지휘통솔 교범(1997)에서는 리더십 개념을 "부여된 책임과 권한을 바탕으로 부대의 목표를 보다 효과적으로 달성하기 위하여 예하 부대 및 부하에게 목적 및 방향 제시, 동기부여를 통하여 모든 노력을 부대 목표에 집중시키는 활동 및 과정"이라고 정의하고 있다.[5] 이와 같은 학자들의 리더십에 대한 학설을 통찰해 보면 '리더십이란 어떤 상황에서 목표 달성을 위해 어떤 개인이 다른 개인이나 집단의 행위에 영향력을 행사하는 과정'이라 이해할 수 있다.

2) 이범훈(2002), 『초급간부의 리더십 관한 연구』, 4쪽
3) 오점록 외(1999), 『한국군 리더십』, 박영사, 17쪽
4) 오점록, 상게서, 304쪽
5) 신응섭 외(1999), 『리더십의 이론과 실제』, 학지사, 23쪽

리더십의 고전적 개념은 정치, 군사, 봉건적 집단, 구제도와 피지배자와의 관계에서 명령과 복종에 의한 수직적 관계로 파악된다. 그리고 경영관리의 관점에서는 관리자와 부하 간의 업무추진을 위한 역할 분담과 상명하복의 관계를 나타내고 있다.

이와 같이 일방적이던 리더십의 관점이 현대 사회에 이르러서는 경영, 관리, 민주적 개념이 강조되면서, 구성원 상호 간의 협력과 조화의 관계를 나타내는 릴레이션십, 그리고 조직 목표 달성을 위한 상호영향력과 상호관련성을 의미하는 멤버십 등의 의미가 강화되고 있다.[6)]

리더십 정의는 위와 같이 여러 가지 의미와 개념이 존재하므로 통일된 정의를 내리기가 어렵지만 리더십은 결국 집단구성원들 사이의 자생적인 상호영향 과정으로 이해할 수 있으며, 이 영향 과정에 작용하는 '리더의 행동과 조직체의 상황적 요소 그리고 상호 간의 영향 관계'라고 파악해 볼 수 있다. 아래는 리더십에 대한 대표적인 학자들의 정의를 표로 정리하였다.

리더십에 대한 제 학자들의 정의

학자	이론
Cattell	리더십은 집단활동의 변화를 가장 효율적으로 창출하는 것이다.
Cowley	리더십은 다른 사람들이 자기를 따르게 하는 데 성공하는 사람들이다.
Dubinq	리더십은 권한을 행사하고 의사결정을 하는 것이다.
Hemphill	리더십은 공동의 문제를 해결하는 데 집단활동이 일관성 있게 지향하는 행동을 솔선하는 것이다.
Huse & Bouditch	리더십은 조직의 목적, 개인의 목적 등을 달성하기 위해 다른 사람의 행동을 변화시키거나 그에 영향을 미치는 노력이다.
Koontz & O' Donnell	리더십은 공동의 목적을 성취함에 있어서 리더를 추종하도록 사람들에게 영향을 미치는 활동이다.
Kotter	리더십이란 바람직한 목표를 성취시키기 위하여 각기 다른 사람들에게 동기를 부여하고 지휘하며 영향력을 행사하는 능력이다.

6) 김대규 외(2006), 『교양인을 위한 리더십』, 학문사, 29쪽

나. 리더십의 본질

리더십의 본질이란 리더십이 지니고 있는 근본적인 성질이나 목적을 의미한다. 일반적으로 리더십은 영향력이나 동기부여, 신뢰, 책임 등을 기본 요소로 하여 다음 세가지 측면으로 그 본질을 요약해 볼 수 있다.

첫째, 리더십은 사람의 마음을 얻는 기술이다. 리더는 구성원 전체의 심리상태를 잘 파악하여 주어진 상황에 맞는 리더십을 발휘하여 구성원의 마음을 얻는 것이다. 따라서 리더는 구성원의 심리를 잘 읽고 이에 따른 적절한 반응을 피드백(feedback) 해야 한다.

둘째, 리더십은 조직의 목적을 달성하고 주어진 임무를 완수하기 위해서 수행된다. 따라서 리더십은 행동으로 나타난다. 아무리 훌륭한 계획이나 방침을 세워도 그것이 생각에만 그친다면 그 조직은 성과나 목적을 달성하기 어렵다. 따라서 리더는 리더십을 통해 주어진 임무에 대한 성과를 자신의 능력을 통해서 증명해 보여야 하며, 이를 위해서는 구성원들의 긍정적인 행동을 이끌어내야 한다.

셋째, 구성원들은 리더의 품성이나 능력이 자기보다 나아야 리더를 따르고자 하는 마음이 발현된다. 그래서 리더는 모든 면에서 구성원보다 능력이 뛰어난 것이 효과적이다. 군 조직에서는 지휘자의 역량이 부하보다 우수해야 리더십을 발휘가 용이하다. 특히 초급 지휘자의 리더십 발휘 간에는 그러한 현상이 더욱 현저하다고 볼 수 있다.

리더십은 겸손, 봉사, 비전, 용기 등의 여러 가지 가치를 기본으로 하여 수행되지만 가장 기본적으로는 '신뢰'라는 가치 위에 구축된다. 조직에서 각종 불신을 해소하고 리더의 권위를 세우는 길은 바로 '신뢰'라는 연대에서 가능하다. 현실적으로 능력 있어 보이는 리더가 도덕적으로 보이는 리더보다 더 많은 선택을 받을 수는 있지만 진정한 리더십은 리더와 조직원 간의 신뢰에서 출발한다.

리더십의 잘못된 관점 중의 하나는 훌륭한 리더는 리더로서의 자질을 유전적으로 타고난다고 생각하는 것이다. 여기서 자질은 지적 능력이나 가치관, 체력, 성격적 특성 등이 포함된다. 인간의 능력은 유전적 요소와 환경적 요소에 의해 발달 정도가 달라지는데 유전적 자질이 어느 정도까지 계발될 것인가는 후천적인 요인에 의해 크게 좌우된다. 여기서 후천적인 요인이란 물리적 요인과 사회·문화적 요인 및 개인의 경험과 노력 등이 포함된다. 따라서 리더는 후천적 자질 계발에 노력해야 한다.

또한 리더는 조직의 목표를 달성하기 위해 행동하거나 자신의 임무를 수행하는 과정에서 모든 구성원을 만족하게 해줄 수는 없다. 때로는 모든 구성원이 싫어하는 일을 해야 할 경우도 있고 구성원 앞에서 절대로 하지 말아야 할 일도 있기 때문에 아무리 훌륭한 리더라도 그 조직에서 항상 호감을 얻는 것은 아니다.

따라서 집단의 목표를 달성하는 동시에 구성원 개개인의 욕구를 충족시켜 주기 위해서는 업무를 추진하면서 구성원들을 배려하고 존중하여 그들의 마음을 다독거려 주어야 한다. 때로는 구성원의 고충과 애환을 경청하고 공감하면서 그들을 이해해주는 것이다. 한 조직의 리더가 구성원의 존경이나 호감을 얻으면 그만큼 구성원들이 조직을 위해 노력하기 때문이다.

리더십과 밀접한 관련 있는 학문 분야는 행정학, 경영학, 심리학, 정치학, 군사학 등으로 이 분야를 중심으로 리더십에 관한 여러 논의들이 이루어져 오고 있다. 리더십에 관한 논의가 이처럼 다양한 분야에서 오랫동안 이루어져 왔음에도 불구하고 여전히 현대 사회는 리더십에 관한 색다른 시각들을 계속 필요로 한다. 이는 현대 사회가 끊임없이 변화하고 있으며 갈수록 그 변화의 속도와 폭이 빠르고 넓기 때문이며 새로운 시대정신이 태동하기 때문이다.

전투현장에서 지휘관의 진두지휘는 최대의 솔선수범이다.

– Napoléon Bonaparte

※ **수시평가(과제평가) 1차 :** 작성 후 절취선을 따라 분리 제출하시오.

❐ 삼국통일 과정에서의 화랑도의 활약상을 읽어보세요.

나당(신라, 당나라) 연합군이 백제와 통일전쟁을 진행할 때, 신라의 화랑인 관창은 16세의 소년으로 출전하였다. 백제 장군인 계백은 아내와 자식을 적의 노예로 만들 수 없다고 하여 모두 죽였다. 신라군은 황산벌에서 계백의 결사대와 수차에 걸쳐 접전했으나 모두 실패하고 사기가 저하되어 있었다. 이를 타개한 것이 바로 관창이었다.

그는 단기로 적중에 들어가 백제 군졸 여러 명을 죽이고 사로잡혔다. 계백은 관창의 나이가 너무 어리므로 살려서 돌려보냈다. 그러나 관창은 다시 적진에 들어가 또 사로잡히니 계백은 그 목을 베어 말안장에 실어 신라군 진영으로 돌려보냈다.

또한 같은 싸움에서 화랑 흠춘은 형세가 불리해지자, 그의 아들 반굴을 불러놓고 말하기를 "신하로서는 충성을 다해야 하고 아들로서는 효도를 다해야 하는데 위급한 일을 보고 목숨을 내어놓는 것은 충성과 효도를 함께 다하는 일이다."라고 하였다. 반굴이 그 말을 듣고 곧 적진으로 들어가 힘써 싸워 죽었다.

❐ 위 내용에서 전쟁에 임하는 화랑도 정신을 요약하여 제출하세요.

2. 리더십의 구성요소[7)]

리더십은 조직의 성과를 극대화하여 임무를 완수하는 기술이다. 리더는 주어진 상황에 따라 구성원들에게 동기를 부여하며 구성원들은 조직의 목표 달성을 위해 노력한다. 이렇게 리더십은 리더와 구성원 및 상황 등으로 구성된다. 이를 리더십의 구성요소라 한다.

이때 리더십의 구성원과 같은 개념으로 팔로워나 조직원 또는 부하, 상황과 같은 의미로 환경이라는 용어를 사용기도 한다. 명료해 보이는 리더십의 이 세 가지 인자들이 '어떻게 구성되고 조직되었는가?' 하는 것이 바로 리더십인 것이다.

가. 리더

리더는 리더십을 발현하는 주체로 조직의 목표를 달성하는 중심적 역할을 수행한다. 우리는 흔히 리더라고 하면 기업 경영자, 정치지도자, 군대의 지휘 관· 자 등을 연상하는데, 이러한 리더뿐만 아니라 모든 조직의 모든 계층에서는 리더를 필요로 한다.

리더는 선천적으로 자질이 뛰어난 사람도 있고 후천적으로 교육과 문화를 통해 능력을 습득하기도 한다. 리더는 그 자질이 선천적이든지 혹은 후천적이든지 간에 다음과 같은 큰 틀에서 조직을 이끈다.

(1) 솔선수범(率先垂範)하고 주도하는 리더

리더들은 무엇보다도 조직 내에서 솔선수범(率先垂範)한다. 리더는 자신의 모범으로 조직원들을 이끌고 나간다. 또 리더는 임무 수행에 놓여진 상황과 여건을 자신이 주도적으로 타개하면서 목표 달성을 향해 나가고[8)], 항상 나보다는 조직원들의 입장에서 생각하고 행동한다. 이러한 리더십은 조직원들에게 감동을 주며 사기를 고양시킨다.

(2) 업무 지향적이고 가치 중심적인 리더

리더는 우선적으로 업무 지향적이어야 하며 가치 중심적이어야 한다. 리더는 주어진 책임을 수행함에 있어 목표를 달성하기 위해 최선을 다해야 한다. 또한 그 과정에서 항상 무엇이 옳고 그름을 항상 염두에 두어야만 한다. 조직원들이

7) 김수창(2014), 부사관과 학생의 리더십, 19쪽

8) 최애경(2015), 『인간관계의 이해와 실천』, 청람, 147쪽

올바른 방법으로 올바른 일을 할 수 있도록 해야 한다.

특히 리더는 조직원의 다양한 특성이 조직을 강화시켜 준다는 것을 알고 있어야 한다. 이때 조직원들도 뛰어난 리더십 아래 함께 하는 것이 혼자서 하는 것보다 더 효율적이라는 사실을 깨닫게 된다. 개인으로서 조직에 기여할 수 있는 총합이 그가 조직의 한 구성원으로서 기여할 수 있는 총합보다 훨씬 적다는 것을 지각하기 때문이다.

나. 구성원

조직은 공통의 목표를 가진 구성원들이 모여 만들어진다. 조직 속의 구성원 특성은, 구성원 사이에서 작용하는 역학이나 개인차에 따라 다르게 나타난다. 따라서 효과적으로 조직을 통제하기 위해서는 집단의 비전을 제시하고 집단을 이루는 개인과 개인 사이의 이해관계나 자원의 분배 등을 조화롭게 운영하는 것이 중요하다.

'위대한 리더 아래 훌륭한 부하들이 있었다.'라는 말이 있지만 비로소 최근에서야 훌륭한 리더십에 필요한 부하의 조건이 무엇인가에 대한 관심을 가지기 시작했다. 성공하는 조직을 이끌어줄만한 리더가 있어야 하지만 역으로 따라줄만한 부하가 있어야 한다. 따라서 임무를 완수할 수 있는 훌륭한 부하를 양성하는 것도 리더의 임무 중의 하나라 할 수 있다.

어느 조직이나 리더의 전략과 비전 제시에 따라 조직원들의 헌신과 노력으로 목표를 달성한다. 따라서 리더십의 핵심 요소 중에서 훌륭한 부하 조건도 매우 중요하다. Kelley가 제시하는 훌륭한 부하의 조건은 다음과 같다.

부하의 조건

- □ 리더가 일일이 통제하지 않아도 자기 관리를 잘하면서 스스로 계획하고 실천해 나갈 줄 아는 부하
- □ 자신의 이익이나 자신이 말한 일만을 위해서 행동하는 것이 아니라 동료나 타 부서 사람들과 협조를 잘하는 부하
- □ 조직에 필요한 기술과 실력을 갈고 닦아서 노력을 경주하는 부하
- □ 도전적이고 정직하고 믿을만하고 실수를 두려워하지 않으며 남에게 의존적이지 않은 부하

다. 상황

리더십의 요소 중에 상황은 특별한 의미와 중요성을 지닌다. 왜냐하면 상황은 리더의 행동에 영향을 미치기 때문이다. 이는 결국 상황이 인간관계의 연속선상에서 리더의 행동을 구속하여 결과적으로 리더십에 전반적으로 영향을 미치게 된다. 예를 들면 리더와 부하 간의 영향력 과정이란 일방적인 것이 아니라 조직 내에서 일어나는 일들이나 변화, 그리고 조직을 둘러싸고 있는 주변 환경에서 일어나는 일들이나 변화에 영향을 받는다. 따라서 리더십의 상황적 요인은 리더와 구성원들 상호 간에 영향을 미치면서 조직을 움직이게 하는 인자라고 할 수 있다.

상황은 리더와 구성원이 임무를 달성하는 과정에 처한 환경을 말한다. 리더십을 발휘하는 상황은 안정적일 때도 있지만 점진적이거나 또는 급격하게 변화하기도 한다. 따라서 상황은 리더와 조직이 목표 달성을 위해 노력할 때 매우 중요한 변수가 되는 것으로, 성공적인 임무 달성을 위해서는 이를 효과적으로 다룰 수 있어야 한다. 리더는 이 변화하는 상황에 조직원들이 적응하도록 조직 목표에 대한 변화 또는 조직 구성의 변화를 통해서 조직의 생명력을 유지해야 한다.

"리더십은 권력을 휘두르는 것이 아니라, 사람들에게 힘을 불어넣어 주는 것이다."

– Eki Brondine

⁂ **수시평가(과제평가) 2차 :** 작성 후 절취선을 따라 분리 제출하시오.

❐ 허름한 막사에서 지내는 연대장의 리더십에 주안을 두고 읽어보세요.

6.25 전쟁 당시 1사단 13연대장 김익렬 대령은 연대 내 탈영병을 줄이기 위해 헌병 활동을 강화하였으나 별 효과가 없었다. 참모들과 그 원인을 분석한 결과 병사들의 생활환경이 매우 열악하다는 것을 파악하게 되었다.

병사들은 춥고 좁은 천막에서 생활하고 있는데 연대장 자신은 따뜻한 막사에서 지낼 뿐만 아니라 상·하간 의사소통이 제대로 이루어지지 않았던 것이었다. 그날로 연대장은 가장 허름한 병사들 숙소로 잠자리를 옮겨 병사들과 동고동락하였다. 그 결과 연대는 탈영병이 감소되었고, 부대원들의 사기도 올라 계속되는 전투에서 혁혁한 전과를 올릴 수 있었다.

❐ 위 내용을 앞의 리더십 이론과 동서고금의 사례를 적용 발표하세요.

3. 리더십 환경[9)]

리더십 환경이란 리더십 발휘에 영향을 미치는 다양한 조건과 주변의 상황을 말한다. 리더가 효과적으로 리더십을 발휘하기 위해서는 리더십에 영향을 주는 제반 환경을 잘 이해해야 한다. 이러한 리더십 환경은 외부 환경과 내부 환경으로 구분할 수 있다.

리더십의 구성요소인 리더, 구성원, 상황 등은 모두 내·외부 환경에 따라 변화된다. 즉 리더는 내·외부 환경 변화를 자각하고 스스로를 변화시켜야 하며 조직의 목표와 구성원의 변화도 고려해야 한다.

리더가 조직의 목표를 효율적으로 달성하기 위해서는 조직을 둘러싸고 있는 다양한 내·외부 환경을 고려하여 조직의 다양한 기능들을 체계적, 효율적으로 관리해야 하고 리더십을 통해서 구성원들의 자율성을 강조하고 활력을 불어넣어 그들의 욕구를 자극시켜야 한다.

가. 외부 환경

리더십의 외부 환경으로는 정치, 경제, 문화 안보 등에 따른 사회적 인식과 국민 의식 등 다양한 요소들이 작용하고 있다. 이러한 사회·환경적 요인들은 큰 범주에서 리더십에 영향을 미친다.

현재의 국민은 합리적이고 공정한 민주적 절차에 따른 조직 운영을 요구하고 있다. 또 국민은 정부 정책이나 사회적 이슈에 민감하게 반응하고 투명성을 요구하고 있다. 또한 국민의 정치적 요구가 증가하면서 국정 운영자와 정치가들은 이러한 국민의 요구를 수용하고자 노력한다.

한편 경제성장으로 인하여 국민의 생활 수준과 문화 수준이 크게 향상되어 가고 있다. 이에 따른 국민의 욕구도 다양해졌다. 개인의 기본권, 행복권 등에 대한 자신의 이익을 주장하는 것은 새로운 트렌드로 자리 잡았다.

1980년 전후에 태어난 신세대는 비교적 풍요로운 환경에서 자라고 사회적으로 자유분방한 분위기 속에서 성장하였다. 이러한 세대의 조직원들은 다양한 개인적 욕구를 분출하고 있다. 이 세대는 자기중심적 사고와 행동이 강하고 인내심과 단체성이 약하나 합리적이면서도 자신의 가치와 부합하는 일에 대해서는 적극적으로 참여하려는 성향을 지니고 있다.

임무 수행 면에서는 어렵고 위험한 일을 기피하려는 경향이 있지만 컴퓨터 기

9) 김동두(2013), 『위국헌신리더십』, 82~83쪽

술 등을 활용한 장비 취급 및 운용 능력은 뛰어나다. 이러한 신세대의 양면적인 의식 성향과 능력을 고려하여 강점을 살리기 위한 리더십, 즉 인간적 관계 형성, 개인의 가치관과 개성 존중, 불필요한 통제의 최소화, 합리적인 임무 부여 등이 요구된다.

안보 문제는 군사적 위협에만 대응하는 전통적 안보에서 재해, 재난, 테러, 보건, 환경오염 등으로부터 국민의 생명과 재산을 보호하는 포괄적 안보 개념으로 변화하고 있다. 또한 해외 파병, 군사 장비 및 무기의 수출이 활발히 진행되고 있다. 이에 따라 정부, 지방자치단체, 유관기관과의 긴밀한 협력은 물론 군사 외교 분야까지 리더의 다양한 능력을 요구하고 있다.

이렇듯 리더십 환경은 현대의 다양한 분야의 발전상과 맥을 같이하면서 리더십에 영향을 미치고 있다.

나. 내부 환경

내부 환경은 리더가 속한 조직 내부의 환경을 말하는 것으로 조직 목표(임무), 조직구조, 구성원, 조직문화 등이 있다. 내부 환경에 대해 세부적으로 살펴보면 다음과 같다.

첫째, 조직 목표와 관련하여 기업의 목표는 이윤 창출에 있고, 정부나 공공기관의 목표는 행정의 효율화로 부강한 국가와 국민의 생활 여건 개선을 목표로 하고 있다. 공공 조직의 리더십 발휘의 목적은 궁극적으로 조직의 목표를 달성하는 것이므로 리더는 자신이 속한 조직에서 조직의 목표를 설정하고 그 목표를 달성하기 위해 노력한다.

둘째, 조직구조는 조직 목표를 효율적으로 달성하기 위해 보다 빠르고 보다 효율적으로 변화되고 있다. 기업은 변화에 적응하고 경쟁에서 살아남기 위해 과감한 구조조정과 조직개편을 시행하고 정부는 이를 뒷받침해 주고 있다. 따라서 리더는 조직의 질서를 유지하면서 가용자원을 효율적으로 운용할 수 있는 능력이 요구된다. 공공 조직 또한 시대의 변화상을 반영하여 운용된다. 군도 조직의 개편과 발전을 도모한다. 인구 절벽에 따라 군 인력의 감축에 대응하여 군 장비의 보강과 간부화를 추구하는 것 등이 여기에 포함된다.

셋째, 조직 구성원은 개인의 성격, 연령, 성별, 성장환경, 학력, 종교 등의 서로 다른 인격체들로 구성되어 있다. 또한 글로벌화의 영향으로 구성원의 다양성은 더욱 증대되고 있다. 이러한 다양성은 다양한 구성원들의 능력을 활용할 수 있는 장점은 있지만 그에 상응하는 욕구도 쏟아져 이해관계에 따른 갈등을 야기시킬 수도 있다. 따라서 리더는 구성원의 다양성을 이해하고 수용하면서 그들의 잠재 능력을 발휘할 수 있도록 해야 한다.

넷째, 조직문화 면에서 문화는 특정 집단의 정신활동과 생활양식의 총체를 의미한다. 즉, 문화는 조직 구성원들의 사고와 행동에 영향을 미치고 모두가 공유하는 공통된 행동양식이다. 조직문화는 점차 개인주의화 되고 있으나 자율적인 의사소통, 합리적 의사결정 등 소통과 참여의 문화도 확산되고 있다.

이러한 조직문화는 조직 구성원 간 강한 일체감을 조성해 주고 조직의 성과를 창출하는 중요한 요소이다. 과거에는 개인보다 조직을 우선시하였다. 그러나 경제성장과 더불어 문화 수준과 국민 의식의 향상으로 현재는 개인과 조직을 동일시하거나 개인을 우선시하는 경향이 더욱 증가하고 있다.

이러한 조직문화의 변화로 인해 리더는 구성원들 간의 일체감 조성을 통한 팀워크 발휘로 시너지효과를 창출하여 성과를 극대화할 수 있는 리더십이 요구된다.

적이 오지 않으리라고 믿지 말고 적이 언제 오더라도 싸워 이길 수 있는 대비태세를 믿어라.

– 孫子

⁂ **수시평가(과제평가) 3차 :** 작성 후 절취선을 따라 분리 제출하시오.

❐ 리더십의 내 · 외부 환경에 따른 리더의 역할에 대해서 발표하세요.

❐ 리더십을 발휘해야 할 군 내 · 외부 환경 변화에 대해 발표하세요.

4. 리더십 이론의 발전

가. 동 · 서양의 리더십

(1) 동양의 리더십

우리나라를 비롯한 동양에서 현대적 의미의 리더 또는 리더십이란 개념의 용어가 사용된 시점은 정확하지 않다. 그러나 '인류가 있고부터 리더십이 있었다.'는 말과 같이 동양과 우리의 옛 고전들을 살펴보면 '리더십 개념'이 아주 오래 전부터 다양한 형태로 존재하고 있음을 알 수 있다.

우리나라의 리더십의 최고봉은 무엇보다도 신라의 세속오계(世俗五戒)라 할 수 있다. 우리 민족은 전통적으로 상무정신(尙武精神)이 강했던 민족으로서 신라 진평왕 때 승려 원광이 군의 통솔자인 화랑에게 세속오계를 강조했다. 세속오계는 사군이충(事君以忠, 임금에게 충성), 사친이효(事親以孝, 어버이에게 효도), 교우이신(交友以信, 친구를 믿음으로 사귐), 임전무퇴(臨戰無退, 싸움에서 물러서지 않음), 살생유택(殺生有擇, 함부로 살생하지 말 것)의 5가지 규칙이다. 이는 많은 부하를 거느릴 화랑이 겸비해야 할 수신의 기본 도량이자 조직 통제의 기본 계율이었다.

이러한 화랑도는 처음에는 민간 조직으로서 시작하였으나 우수한 청소년들을 선발해서 신체와 정신을 단련시키고 국가에서 인재 양성을 위한 조직으로 확대 운영하였다. 화랑도의 조직으로는 총지도자인 국선과 그 밑으로 화랑이 있었으며, 화랑이 거느리는 낭도는 전국적으로 수천 명이 넘었다. 이러한 리더십을 통해 양성된 화랑들은 후에 민족 통합의 삼국통일을 달성하는 과정에서 크게 이바지하였다.

조선시대도 병서들이 편찬되었는데 여기에는 장수로서 지켜야 할 도리, 자질, 실천 사항 등이 기술되고 있다. 또한 이순신 장군 같은 경우도 리더십이라는 용어를 언급하지는 않았지만 적의 침략에 대비 사전에 거북선 등을 준비하는 '준비하는 리더십' 이나 치밀한 전략전술로, 백척간두(百尺竿頭)의 위기에서 뛰어난 리더십으로 나라를 구했다. 즉 우리 선조들은 리더십이라는 직접적 용어는 사용하지 않았지만 예로부터 리더십을 실천의 덕목으로 여기고 생활하였다.

또한 우리나라에 영향을 미친 중국 병서인 무경칠서(武經七書)[10]나 사서삼경

10) 단순히 칠서(七書) 또는 무경(武經)이라고도 한다. 제(齊)나라 출신의 손무(孫武)가 쓴 『손자(孫子)》(1권), 전국시대 오기(吳起)의 『오자(吳子)』(1권), 제(齊)나라 사마양저(司馬穰苴)의 『사마법(司馬法)』(1권), 주나라 울요(尉繚)의 『울요자(尉繚子)』(5권), 당(唐)나라 이정(李靖)의 『이위공문대(李衛公問對)』(3권), 한(漢)나라 황석공(黃石公)의 『삼략(三略)』(3권), 주나라 여망(呂望)의 『육도(六韜)』(6권)

(四書三經)[11]을 보더라도 나라나 군대를 통솔하는 군주나 장수가 가져야 할 덕목을 강조하고 있다.

대표적인 것이 오기의 '살고자 하면 죽을 것이요, 죽고자 하면 살 것이다.'(必死則生, 幸生則死)라는 명구이다. 이는 이순신의 일화(必死則生 必生則死)이기도 하나 오자병법에 처음 나오는 말이다. 오기는 위 문장과 같은 결기를 보이는 냉철한 신념의 소유자이면서도 부하를 대할 때는 인간적인 면모를 보인다. 오기는 군영에서 한 병사가 종기를 앓자 이를 보고 빨아서 낳게 해 주었다. 이후 병사는 그것에 감동하여 자신의 목숨을 내놓고 전투에 임했다고 한다. 이렇게 오기는 병사들과 함께 동고동락을 함께 해 가면서 몸소 리더십을 실천하여 신뢰의 관계를 유지했다고 한다.

이와 같이 리더들은 구성원을 통제하여 목표를 달성하고 이를 위해 구성원들의 마음을 얻으려는 노력을 수천 년 전에도 지금과 다름없이 진행하고 있었다. 무경칠서 중의 하나인『손자병법』의 리더십에 관한 사항은 심화학습에서 좀 더 자세하게 기술하기로 한다.

(2) 서양의 리더십

서양에서의 리더십에 관한 내용은 아주 오래전부터 언급되고 있다. 세계 4대 문명 중의 하나인 고대 이집트에서는 당시 리더십의 개념을 정립하고 있었다. 약 5,000년경 이집트에서는 '리더십', '상관', '부하'라는 용어를 사용한 것이 확인되고 있다.

또한 그리스 학자 플라톤은『국가론』에서 최선의 법이 적용되고 있는 이상국가의 시민을 관리자(통치자), 군인(수호자), 서민(생업 종사자)의 세 계급으로 구분하였다. 이상 국가의 법은 덕과 깨달음에 기반을 둔 것이므로 관리자들은 깨달음을 통해 덕을 추구하는 사람 즉, 철학자가 되어야 한다고 기술하고 있다. 이처럼 그리스에서도 이미 오래전부터 통치자의 자질과 역할 즉, 리더십에 대해서 언급하였다.

서기 100년경 발간된『플루타르크 영웅전』[12]에서는 현대 의미의 리더십 개

를 아울러 일컫는 말로, 송(宋)나라 원풍(元豊) 연간에 이들 병서를 무학(武學)으로 지정하면서 '칠서'라고 호칭한 데서 유래되었다. [두산백과]

11) 사서는『대학(大學)』,『논어(論語)』,『맹자(孟子)』,『중용(中庸)』이며, 삼경은『시경(詩經)』,『서경(書經)』,『주역(周易)』이다.

12) 고대 로마 오현제 시기의 작가 플루타르코스가 작성한 것으로 고대 그리스·로마의 영웅들의 일생을 서로 비교하는 역사책이다.

념이 처음 사용되었다. 이후 마키아벨리[13]는 그의 저서『군주론』에서 군주와 장수 같은 지도자의 자질을 언급하기도 하였다. 마키아벨리는 '군주' 즉, '최고 통치권자는 관대하거나 도덕적일 필요가 없다.'고 기술하고 있다. 나라의 발전을 위해서라면 어떤 악한 행동도 서슴지 않고 해야 되며, 인정 따위는 필요 없다고 했다.

국가의 개혁을 위해서는 가장 중요한 것은 자신의 힘에 의존해야 하며, 군주가 힘을 갖추기 위해서는 충분한 군사력이 필요하다고 설명하고 있다. 이처럼 마키아벨리의『군주론』은 '나라의 통치권자는 어떻게 나라를 운영해야 되는가?', 또 '정치는 어떻게 해야 되는가?'를 기록한 책으로 리더십의 단면을 잘 설명해 주고 있다.

이러한 서양의 리더십 전통에서 현대의 리더십이 본격적으로 연구되기 시작한 것은, 산업혁명 등으로 조직과 위계질서가 발전하면서 조직 목표를 달성하기 위한 조직에 대한 분석이 요구되면서 시작되었다.

특히 시기마다 위기 극복과 현상 타개를 위해서 비슷한 위기 시기와 위기 상황 그리고 이를 극복한 리더들을 연구하면서 리더십에 대한 연구는 더욱 활발하게 진행되기 시작했다. 특히 상업활동의 활발한 진행과 함께 이윤을 창출하려는 경영 노력이 리더십의 발전을 더욱 가속화시켰다.

나. 리더십의 주요 이론[14]

리더십은 조직의 목표 달성과 임무 수행을 위해 조직의 비전을 제시하고 추종자에게 영향력을 행사하는 과정의 행동유형[15]이라 할 수 있다. 리더십 이론의 발전과정을 구별해 보면 다음과 같다. 전통적인 리더십이 존재한 이후 19세기 말부터 1940년대까지는 특성이론이 주류를 이루었고, 이후에는 행동이론이 풍미

13) 르네상스기 이탈리아 정치사상가로 군주론을 저술하였다. 군주론의 일부 내용은 다음과 같다. 군주된 자는, 특히 새롭게 군주의 자리에 오른 자는, 나라를 지키는 일에 곧이곧대로 미덕을 지키기는 어려움을 명심해야 한다. 나라를 지키려면 때로는 배신도 해야 하고, 때로는 잔인해져야 한다. 인간성을 포기해야 할 때도, 신앙심조차 잠시 잊어버려야 할 때도 있다. 그러므로 군주에게는 운명과 상황이 달라지면 그에 맞게 적절히 달라지는 임기응변이 필요하다. 할 수 있다면 착해져라. 하지만 필요할 때는 주저 없이 사악해져라. 군주에게 가장 중요한 일이 무엇인가? 나라를 지키고 번영시키는 일이다. 일단 그렇게만 하면, 그렇게 하기 위해 무슨 짓을 했든 칭송 받게 되며, 위대한 군주로 추앙받게 된다." [네이버 지식백과]

14) 육군본부(2011),『군리더십』, 1-3쪽

15) 강경표(2020), 〈민족정체성, 리더십 유형, 다문화접촉이 군(軍) 장교의 다문화수용성에 미치는 영향에 관한 연구〉, 순천대학교대학원 박사학위논문 31-35쪽

했으며, 1970년대부터는 상황이론이 대두되었다.

특히 1980년대 이후에는 급격한 사회 변동에 따라 불확실한 사회현상이 반영된 리더십인 변혁적 리더십, 셀프 리더십, 감성 리더십 등이 등장하여 리더십의 영역을 보강하였다.

(1) 특성이론

특성이론은 지도자가 될 수 있는 자는 남다른 특성을 선천적으로 지니고 있다는 이론으로써, 리더는 평범한 사람에게 없는 특별한 자질을 타고난다는 가정하에서 등장한 이론이다.

이는 '리더는 만들어지는 것이 아니고 필요한 특성을 체득하고 태어난다는 것이다(great man theories)'라는 이론이다. 특성이론은 뛰어난 리더의 공통적인 특성을 신체, 성격, 능력 측면에서 제시하였다. 즉 구성원은 리더의 개인적 특성과 관련된 신체적 장점이나 사회적 배경, 지능, 자질, 성격 등의 영향을 받아 리더가 의도하는 방향으로 행동한다는 가정이다.

리더의 사회적 특징으로 꼽히는 판단력이나 책임감, 대인관계 기술, 의욕, 활동력 등에 초점을 맞추어 논의를 진행하였다. 성공적인 리더가 지닌 특성으로는 적극성과 스트레스에 대한 인내, 통찰력, 높은 지능, 자신감, 열정, 성실성, 도덕성 등이 제시되었지만 각 특성의 상대적 중요성은 상황에 따라 달라졌다.

하지만 현실에서 이 특성이론이 꼭 적용되는 것은 아니다. 특성을 갖추고 있다고 해서 반드시 리더가 되는 것도 아니며, 리더가 갖추어야 할 특성 또한 구성원의 특성이나 활동 상황, 조직 목표, 문화적인 여건 등에 따라 달라질 수밖에 없는 것이다.

리더의 특성은 리더십 발휘와 상관성은 있으나 절대적 지배 요인은 아니다. 특성이론은 리더의 특성이 리더십 행동에 어떤 영향을 미치는지를 확실하게 알아내지 못하였고, 리더십에 유효한 특성을 밝혀내지도 못했다. 또한 모든 상황에 적용할 수 있는 리더의 공통적 특성을 발견하지 못한 한계를 지니고 있다. 그리고 '리더는 타고 난다.'는 것을 전제함으로써 후천적으로 리더십을 계발할 수 있다는 가능성을 간과하였다.

(2) 행동이론

'리더는 태어나는 것이다'라는 가정 하에 성공한 리더들의 특성을 찾아내려는 특성이론은 인적 특성과 리더십 발휘 간 상관관계에 대한 명확한 상관관계를 입증하지 못한 한계가 있다. 이러한 특성이론의 한계를 극복하고자 등장한 것이 바로 행동이론이다.

행동이론은 리더의 특성을 탐구하는 연구가 일관성 있는 이론의 정립으로 이어질 수 없는 한계에 부딪히자, 리더가 실제로 하고 있는 일이 무엇인가를 알아내기 위해 그들의 행동을 분석하고 검토하면서 등장했다. 행동이론은 '리더가 다른 구성원에게 어떤 행동을 취하느냐?'에 따라 리더십이 결정된다는 가설에서 출발한 이론이다. 즉, 리더가 자신의 영향력을 어떻게 행사하는지를 연구하여 정립한 이론이다.

행동이론은 리더의 실제적 행위를 강조하면서 실패한 리더나 비효율적인 리더를 교육과 훈련을 통해서 성공적이고 효율적인 리더로 새롭게 태어나게 할 수 있다고 주장한다. 이처럼 행동이론은 리더의 행위에 관심을 두고 등장한 이론이다.

이 행동이론은 선천적으로 리더의 특성을 타고난 사람만 리더가 될 수 있는 것이 아니라 후천적으로도 교육과 훈련을 통해 리더십 계발이 가능하다고 주장한다. 행동이론은 리더가 가진 특성보다는 리더의 행위를 기준으로 '민주형-독재형', '과업중심 유형-배려중심의 유형' 등과 같이 리더십 유형으로 구분한다. 그러나 행동이론은 리더가 리더십을 발휘하는 데 있어 리더의 행동에 초점을 맞추고 있어 리더십이 발휘하되 있는 상황에 대한 관여가 누락되어 있다.

리더의 행위에 따른 리더십 유형

구 분	내 용
민주형	구성원들에게 의사결정 참여를 많이 허용하고 권력이 분산된 형태
독재형	리더가 단독으로 의사결정을 하고 권력이 리더에게 집중되는 형태
과업중심	구성원의 과업환경을 구조화하는 리더십 행동으로 직무나 구성원의 활동을 조직화하고 그 성과를 구체적으로 평가하는 리더십 형태
배려중심	구성원과의 관계를 중시하면서 리더와 구성원 간 신뢰성, 친밀감, 상호 존중 및 협조를 조성하는데 주력하려는 리더십 형태

(3) 상황이론

상황이론은 행동이론이 리더십 작용 간 상황이라는 변수를 고려하지 못했다는 점을 보완하기 위해 등장한 이론이다. 효과적인 리더의 행위는 정형화된 것이 아니라, 주어진 상황에 따라 달라진다는 관점을 취하고 있다.

상황이론은 연구의 중심을 리더 개인의 특성과는 무관하게 그가 처한 상황이나 조직의 구조, 집단의 성격, 구성원의 태도 등과 더불어 구성원과의 관계를 밝힘으로써 리더십을 파악하려는 노력의 일환이다. 이러한 상황이론은 리더가 처한 상황에 따라 한 가지 이상의 리더십 유형을 가질 수 있다고 보고 리더의 행동과 상황을 중요하게 여긴다.

상황이론에서는 리더의 특성이나 행동 요인이 리더십 발휘에 주요 변수로 작용하지만 리더십 발휘의 상황과 여건이 달라지면 그에 적합한 새로운 유형의 리더십이 필요하므로 리더십을 변화하는 상황에 주목하고 있다.

상황이론은 과업의 복잡성, 리더의 권한, 부하들의 능력과 의욕, 보상의 정도 등 각각의 상황에 적합한 리더십이 무엇인가에 중점을 두었으나 이 또한 고려해야 할 내·외부 상황이 많아 모든 상황에 부합하는 리더의 행위를 전부 도출하기 어렵다는 한계점을 지니고 있다.

다. 현대 리더십 이론

(1) 변혁적 리더십[16)]

현재의 사회는 과거에 비해 도식적인 조직보다는 가변적인 조직으로, 권위보다는 참여로 시대의 바뀌고 있다. 이러한 시대의 흐름에 발맞춰 리더십도 조직지향형에서 변화주도형으로, 권위주의 리더십에서 참여하는 리더십으로의 변화가 일어나고 있다. 이러한 시대적 흐름을 반영한 것이 변혁적 리더십이다.

변혁적 리더십에서는 조직의 외부 환경 요인이 바뀌면서 신념이나 가치관, 지적 자극, 개인 배려 등과 같은 내적 요인도 변화와 혁신을 추구해야 한다고 주장한다. 왜냐하면 개인 한 사람 한 사람 내면의 변화로부터 조직 전체의 변화가 시작되기 때문이다.

변혁적 리더십에서는 구성원들을 이기적 욕망으로 움직이는 존재로 파악하기보다는 자아실현과 같은 보다 높은 수준의 동기를 추구하는 존재로 이해한다. 따라서 조직발전과 목표 달성은 단순히 리더 한 사람의 지시나 역량을 통해서

16) 김수창(2014), 『부사관과 학생의 리더십』, 57쪽

만 결정되기보다는, 조직 구성원 전체의 총체적 역량에 의해 결정된다고 본다.

따라서 변혁적 리더십은 "집단과 각 구성원이 목표를 달성하기 위해서 리더를 포함한 구성원끼리 서로 영향을 미치는 변혁 과정"이라는 새로운 정의가 나온다. 즉 변혁적 리더십에서는 리더십을 '리더와 구성원의 교환적인 과정'으로 파악하여 '구성원이 리더의 영향을 받을 뿐만 아니라 리더 역시 구성원으로부터 영향을 받는다.'라고 본다.

리더십이란 자신의 권력이나 영향력을 함부로 휘두르는 것이 아니라 부하들의 욕구나 가치를 변화시키고 그들을 일치단결(一致團結)시켜서 목표를 향해 매진하게 하는 것이다. 즉, 변혁적 리더십에서는 리더가 구성원을 동기화시키고 그들에게 자신감을 불어넣으며 자아실현 욕구를 자극하여 그들이 자기의 임무를 수행하면서 스스로 성취감과 보람을 느끼도록 이끄는 것이 핵심이다.

(2) 셀프 리더십

조직의 리더가 자기 자신을 바람직한 방향으로 이끌고 가기 위한 동력으로 자신의 비전과 목표를 스스로 설정하는 리더십이다. 셀프 리더십은 자신에게 영향을 미치기 위한 자기 관찰이나 자기 보상, 자기 벌칙 등으로 자신을 스스로 관리하고 이끄는 행동 지침이다. 즉 리더 혼자서 모든 책임을 지는 독특한 유형인데 셀프 리더십에서는 리더가 조직의 나아갈 방향과 목표를 혼자서 설정하고 자신에게 주어진 여건 속에서 흐트러짐 없이 맡은 바 임무에 최선을 다하는 마음가짐을 중요하게 여긴다.

셀프 리더십에서는 자기 내면에 숨어있는 잠재력을 이끌어 내야 하는데, 외부 통제를 가하면 자신의 열정이 묻혀버리거나 창의성을 손상할 수도 있으므로 자기 자신에게 효과적으로 영향을 미치면서 자율 통제를 하도록 이끄는 것이 중요하다. 결국 셀프 리더십이란 세상이 나를 지배하도록 무책임하게 그냥 내버려 두는 것이 아니라 나 자신이 주체적으로 자신을 통제해 나가도록 하는 것으로써 자신을 이끌기 위한 책임 있는 행동이라고 할 수 있다.

즉 '자율'과 '책임'을 줄 때 리더가 될 사람이 스스로 책임지고 행하는 독특한 행동이 바로 셀프 리더십인 것이다. 셀프 리더십은 자기 관찰과 업무 집중, 목표 설정, 자기 보상, 자기 벌칙, 훈련 등을 통해 완성되는데 이때 자기 관찰표를 만들어 자신의 신념 체계를 바꾸는 변신이 필요하다.

한편 경쟁력을 갖춘 우수한 조직이 되기 위해서 구성원의 헌신과 열정을 불러일으키려면 구성원의 내면에 잠재된 셀프 리더십을 이끌어 내야 한다. 이때 개인의 셀프 리더십 역량을 인정하지 않는 외부 통제를 가한다면 구성원의 열정이 사라지고 자율 통제 시스템이 훼손되면서 셀프 리더십이 작동하지 않아 맹목적인 복종을 낳을 수도 있다.

(3) 감성 리더십

과거에는 인간의 행동을 좌우하는 것은 이성이라고 믿고 이성을 중시하였다. 반면 감성은 판단을 흐리게 만든다며 사고 과정에서 될 수 있는 한 제외해야 옳은 결정이 나온다고 생각하였다.

그러나 21세기 들어서면서 인간의 행동을 결정하는 것은 사고나 추리와 더불어 감성의 산물이라는 것이 일단의 학자들에 의해 입증되었다. 감성 리더십에 따르면 지능지수가 높은 리더가 훌륭한 리더가 되는 것이 아니라 감정조절이나 감정인식, 동기 부여, 원만한 대인관계 등과 같은 감성 능력이 리더로 하여금 조직 속에서 지지자를 만들어 내고 이를 통해 영향력이 생겨남으로써 리더로 인정을 받는다는 것이다.

리더십을 발휘하는 과정에서 감성이 높은 리더들은 본인뿐만 아니라 다른 사람의 감정을 파악하는 능력이 뛰어나 상대방과 좋은 유대감을 유지해 집단의 팀워크를 강하게 만들 뿐만 아니라 구성원 사이의 갈등을 중재하고 변혁을 일으키는 능력이 탁월하다는 주장이다.

이처럼 감성 리더십은 사람의 감성을 리더십의 중요 요소로 여기고 감성에 의한 리더십 발현을 강조하고 있다.

(4) 슈퍼 리더십

슈퍼 리더십은 구성원 스스로 상황을 판단하고 행동에 옮기며 그 결과도 책임질 수 있는 셀프 리더로 성장시키는 리더십으로 전통적인 리더십의 개념과는 근본적으로 다른 리더십이다.

즉, 슈퍼 리더는 타인을 셀프 리더로 만드는 리더이다. 이를 위해 모든 구성원이 셀프 리더가 되도록 교육하는 시스템을 개발하고 실행한다. 슈퍼 리더십은 구성원들이 의식이나 행동에 변화를 일으킬 때 외부환경이 미치는 영향을 검토하며 자율통제를 매우 강조한다. 슈퍼 리더십은 구성원들이 임무를 수행해 얻는 내재적 보상에 관심을 두며, 이런 전략을 활용하여 구성원들을 셀프 리더로 이끌어 내는 것이다. 이러한 이유로 이 리더십을 슈퍼 리더십이라고 하는 것이다.

슈퍼 리더십을 발휘하기 위해서는 스스로 셀프 리더가 되어 셀프 리더십의 모범을 보여야 하고, 자신의 목표를 기필코 달성하며 모든 상황을 긍정적 시각으로 보고 보상과 질책을 적절히 활용하는 전략으로 셀프 리더를 육성하며, 팀워크를 키우고 셀프 리더십 문화를 배양하는 과정이 필수적이다.

과거 몽골제국의 통합을 이루고 역사상 가장 넓은 지역을 통치한 칭기즈칸은 슈퍼 리더십을 실천한 대표적인 인물이다. 하지만 정작 칭기즈칸 자신은 평생 자신의 근거지를 벗어나 본 적이 없다. 몇 년 전까지만 해도 허허벌판에서 말을 부리는데 지나지 않던 사람들을 대군을 지휘하고 전략을 구사하는 대장군으로 변신시켰다. 부하들을 현지의 왕으로 임명하고 전권을 주어 인접 국가와 개전하는 것까지를 결정할 수 있도록 했다. 그리고 현지에서 그때그때의 상황에 따라 판단하도록 위임하였다.

이처럼 가장 훌륭한 리더는 구성원들을 조력하여 그들이 이제는 리더가 필요치 않게 되는 수준에까지 이르게 하는 것이다. 이것이 바로 진정한 슈퍼 리더십이라 할 수 있다.

(5) 섬김 리더십

섬김 리더십에서는 구성원의 성장을 돕고 팀워크와 공동체를 이루는 것을 중요한 가치로 여긴다. 리더는 구성원의 성장을 돕고 공동체를 이루어 그들을 위해 희생한다. 그래서 섬김 리더십을 '타인을 위한 봉사에 초점을 맞추며 구성원과 공동체를 우선으로 여기며 그들의 욕구를 충족시키기 위해 헌신하는 리더십'이라고 정의한다.

기존의 리더십에서는 리더가 권한과 책임을 독점하고 구성원에게 헌신과 복종을 요구하는데 비해, 섬김 리더십은 구성원을 존중하고 그들에게 창의성을 발휘할 기회를 제공하여 그들의 성장을 도움으로써 조직을 진정한 공동체를 만들도록 이끌어가는 리더십이다.

섬김 리더십은 상사와 부하의 구분이 없어지며 리더의 지시나 감독이 더는 통하지 않는다. 솔선수범하는 리더가 구성원들에게 자율성을 보장하고 권한을 위임하여 조직과 구성원이 함께 발전하는 공동체를 형성하도록 이끌어간다.

섬김 리더십의 구성요소는 경청과 공감, 인식, 공동체 형성, 통찰력, 비전 제시, 치유, 설득, 구성원의 성장 등이다. 리더의 목표 달성이나 조직의 이익에 주안점을 둔 변혁 리더십과 달리 섬김 리더십은 구성원의 역할에 초점을 맞추고 그들이 자율성을 확립하여 성장하도록 돕는다. 결국 섬김 리더십은 리더와 구성원이 상호 관계를 맺으며 구성원의 행복을 추구하여 조직의 목표를 달성하는 리더십이라고 할 수 있다.

(6) 진성 리더십

진성 리더십은 기존의 다양한 리더십 이론이나 프로그램이 자아의 진정성을 무시하고 리더십 기술만을 기르는데 치중해 있어, 직면한 문제를 해결하기보다는 오히려 혼란을 부추겨 왔다는 데서 문제를 제기하고 있다. 진성 리더십은 이를 해결하기 위해 모든 리더십의 근원이 되어야 하는 리더십의 뿌리를 찾아 여기서부터 리더십 연구를 다시 시작하자는 시도에서 출발하였다.

진성 리더는 한 마디로 품성에 기반을 둔 선한 영향력을 행사하는 사람으로서 원칙을 지키며 자기 자신에게 진솔한 리더만이 진정한 리더십을 발휘할 수 있다고 여긴다. 진성 리더십에서는 자신에게 진솔하지 못한 리더가 조직의 리더가 되고자 하는 것은 리더십이 잘못될 가능성을 미리 정해 놓는 것과 마찬가지이므로 이를 적극적으로 피해야 한다고 역설한다.

그렇다고 진성 리더는 결과에 대한 책임을 회피하고 구성원들에게 늘 선하고 자상하며 너그럽게만 대하는 사람이 아니고, 조직의 사명을 구성원들의 가슴에 진정으로 심어 조직의 임무는 책임지고 완수하도록 한다.

한편 진성 리더십이 기존의 셀프 리더십과 구별되는 점은 셀프 리더십이 자기 자신을 이끌기 위해 자신의 목표를 스스로 설정하고 이를 지키기 위한 노력을 강조한다. 진성 리더십은 자신만의 고유한 목적과 가치, 성실, 정직 등으로 무장하여 자신의 정체성을 확실히 하고 이를 기반으로 하여 자신뿐만 아니라 주위의 구성원들에게 지속적으로 조직의 가치를 전달해 준다.

국가에 봉사하는 자에겐 가문이 필요 없다.

– Voltaire

⁂ **수시평가(과제평가) 4차 :** 작성 후 절취선을 따라 분리 제출하시오.

❒ 리더십의 개념과 중요성을 발표하세요.

1. 리더십의 개념 :

2. 리더십의 중요성 :

제2절 리더십과 조직의 이해

구분	학습 목표	평 가
1	• 리더십의 주요 기능을 설명할 수 있다.	• 세부 단원 종료 후 수시평가 • 전 단원 종료 후 단원평가
2	• 리더십 발휘에서 개념상에 나타난 영향력, 권력, 권한의 의미를 설명할 수 있다	
3	• 리더십과 관리의 차이점을 설명할 수 있다	

1. 리더십의 주요 기능

일반 조직체에서 보편적으로 사용되는 리더십의 주요 기능은 통합적 접근 기능과 사회·정치적 기능이다. 이들 리더십의 기능은 리더십의 유형에 따라서 다소 차이가 있을 수 있다. 그럼 먼저 통합적인 기능부터 살펴보기로 한다.

가. 통합적 접근 기능

리더십이란 리더가 오케스트라를 이끄는 지휘자의 관점에서 조직을 바라보아야 하기 때문에 관리 현장에서 리더십에 관한 지식을 현실적으로 활용할 수 있어야 한다. 따라서 리더십은 통합적인 접근으로 이해해야 한다.

Nigel Nicolson은 『경영자 본능』 에서 진화심리학[17]에 근거하여 리더십의 이해와 기능적인 요소들을 제시하였다. 이는 리더십의 통합적 접근 기능과 역할을 이해하는데 중요한 요소가 되고 있다.[18]

첫째, 감정을 존중해야 한다. 최고경영자부터 신입사원에 이르기까지 스스로의 감정을 순수하게 발산할 수 있는 조직문화를 정착시켜야 한다. 왜냐하면 조직 내에서 감정표현이 왜곡되거나 억압되면 조직 구성원들의 임무 성과와 직무만족도는 떨어지게 된다.

둘째, 수직적 조직구조의 경직성을 최소화하고 조직원들의 다양성을 존중해주어야 한다. 보편적으로 조직구조는 피라미드 조직·사업부 조직·매트리스 조직 등으로 분류되는데, 어떠한 유형의 조직체계라 하더라도 수직적 구조의 특성을 완전히 배제할 수 없는 것이 현실이다.

수직적 구조는 위기 상황에서 큰 성과를 낼 수 있지만, 대부분의 조직에서는 업무성과를 저하시키는 요인으로 작용할 수 있다. 따라서 조직 구성원들 간에 서로 소통하며 배려에 주는 조직문화가 정착되어야 한다.

셋째, 인간의 편견을 줄일 수 있는 시스템을 개발해야 한다. 사람들은 주관적인 판단에 의해 중요한 안건을 처리할 수 있기에 의사결정 과정의 효율성을 높일 수 있는 제도적 장치를 마련해야 한다. 리더는 부하직원들이 실수를 통해 교훈을 얻을 수 있도록 유도해야 하고, 도움을 청하는 직원을 징계하기보다는 격려해 주어야 한다.

넷째, 권한 남용을 억제할 수 있는 방안을 모색해야 한다. 리더는 조직 구성원

17) 동물의 심리를 진화론적 관점에서 연구하는 학문. 신경계를 가지고 있는 모든 동물에 적용할 수 있지만 주로 인간의 심리를 연구하며, 인지심리학과 진화생물학에 뿌리를 두고 있다. [네이버]

18) 이영관(2010), 『스펙트럼 리더십』 , 대왕사, 24쪽

들에게 정당한 권한을 행사하면서도 불필요하고 악의적인 직권남용이 발생하지 않도록 주의해야 한다. 특히 관리자들은 부서의 구성원들과 협동적인 팀워크를 유지할 수 있도록 리더십을 발휘해야 한다.

지금까지 리더십의 통합적인 접근 기능을 살펴보았다. 결론적으로 통합적 접근 기능의 주요 골자는 자신보다는 부하들을 배려하고 소통하고자 하는 리더십의 적극적인 태도로 볼 수 있다.

나. 사회 · 정치적 기능[19)]

사회 · 정치적 기능은 조직의 혁신 행동을 이끌어 내기 위해 구성원 간의 관계를 증진시키고 이들의 역량을 집중시키는 기능이다.

첫째, 조직체의 사명과 사회적 역할의 기능이다. 이 기능은 무엇보다도 외부 환경과 내부 상황을 중심으로 가장 효율적인 조직의 목적과 책무를 발견하는 기능이다.

둘째, 조직체 목적의 제도적 구현 기능이다. 설정된 조직체의 사명과 목적을 내부 제도와 구조에 반영시켜 조직체의 기본 체질과 성격을 형성하는 기능이다.

셋째, 조직체의 고수 기능이다. 조직체가 지향하는 고유 가치와 특성을 추구하고 이를 계속 유지하는 기능이다.

넷째, 조직체 내부의 갈등 조정 기능이다. 조직체 내의 구성원들과 집단 간의 갈등을 조정하여 조직체의 안정을 기하고 자발적인 상호 협조를 최대화 시키는 기능이다.

이와 같은 기능은 주로 정치 지도자나 사회 지도자 그리고 조직체의 최고경영자가 수행하는 기능으로서, 이 리더십 기능은 흔히 인식되고 있는 리더십 개념에 매우 가깝다고 할 수 있다.

여러분 자신이 리더를 따르는 방법을 알지 못하는 한, 여러분이 리더가 되어 다른 사람들에게 당신을 따르라고 이야기할 수 없다.

– Sam Rayburn

19) 이학종 외(2004), 『조직행동론』, 법문사, 336쪽

⁂ **수시평가(과제평가) 5차 :** 작성 후 절취선을 따라 분리 제출하시오.

❒ 아래 사례를 읽으면서 리더의 역할을 생각해 보세요.

Southwest Airlines사의 CEO 허브 켈리 허의 이색 마케팅
Southwest Airlines사의 창업자이며 CEO인 Gary C. Kelly는 미국 기업인들 중 가장 정열적인 리더 중의 하나이다. 이 단거리 항공사의 성공은 대부분 Gary C. Kelly의 혁신적인 경영 스타일에 원인이 있는 것으로 알려져 있다. 그는 천재적인 전략가이며 동기부여의 귀재로 간주되고 있다. 열정적으로 일하고 최선을 다한다는 점에서 그 어떤 CEO보다 특이하다. 그의 열정적이며 활발한 스타일은 회사의 힘과 에너지를 상징한다. 그가 이끄는 1만 2천 명의 직원들은 그에게 "최고 리더"라는 칭호를 주었으며, 종종 여러 장소에서 즉흥적으로 열리는 파티에 그와 자리를 함께한다. 그는 또한 항공기의 기계적 문제를 해결하기 위해 직접 소매를 걷어부치고 수리공들과 함께 일했다는 일화를 가지고 있다. Gary C. Kelly의 목표들 중 하나는 직원들이 회사에서 일하는 것을 하나의 즐거운 모험이 되도록 한다는 것이다. 그가 이끄는 조직은 무엇보다도 창의력과 에너지가 넘치며 유머감각을 가지고 삶에 접근하는 사람들을 찾아 그들을 훈련시켜 직무가 요구하는 기술을 습득하게 한다. 켈리허는 그의 피곤을 모르며 정열적이고 즐길 줄 아는 스타일과 걸맞게도, 탑승고객들에게 봉사하려 하지 말고 그들을 즐겁게 만들어줄 것을 승무원들에게 주문한다. 승무원들은 노래를 부르기도 하고, 머리 위에 있는 수화물실에 매달리기도 한다. 이 회사는 미국 최고기업 중 하나라는 위치를 계속 고수하고 있으며, 이런 특이하다고밖에 할 수 없는 행동들은 Southwest의 트레이드 마크가 되었다. 그러한 행동들은 또한 Gary C. Kelly의 성격과 그가 원하는 조직문화를 여과 없이 반영한다.

❒ 캘리 허의 웃음과 유머가 넘치는 재미(fun) 경영에 대하여 발표하세요.

2. 리더의 영향력 발휘

가. 영향력, 권력, 권한의 개념

리더십을 '조직의 목적을 달성하는데 구성원에게 영향력을 행사하는 과정'이라고 정의한다면 '무엇이 리더십의 영향력인가?' 하는 것은 이 정의의 가장 기본적이면서도 가장 핵심적인 사항이 된다. 즉 리더의 영향력 발휘가 리더십의 중요한 역할로 대두되는 것이다.

더불어 그 동안 리더십에 관한 용어 사용에 대한 여러 논쟁들이 있어 왔다. 특히 리더의 영향력, 권력, 그리고 권한 같은 용어들은 정립되지 못한 채 학자들의 열띤 논쟁이 대상이었고 학자마다 서로 다른 정의를 내리고 있다. 어떤 학자들은 아예 이 용어들에 대한 분명한 정의조차 없이 사용하기도 한다. 물론 이것은 상이한 조직 연구 분야에 따른 관습적 수준에서의 차이에서부터 기인할 수도 있다.

그 한 예로 군대에서는 권력이란 용어를 잘 사용하지 않고 있으며, 그 대신에 권한이라는 용어를 즐겨 사용한다는 편이다. 따라서 리더십에서 개념상의 용어 사용의 혼란을 방지하기 위해 이러한 용어들의 개념에 관한 정의를 살펴보기로 한다.

(1) 영향력

리더십에서의 영향력을 두고 Dessler(1980)는 "효과를 유발시키는 행위"로 정의하고 있으며, 미국의 육군사관학교 리더십 교재(1988)에서는 "타인의 행동 또는 태도를 변화시키는 한 개인의 능력"으로 서술하고 있다. 또 yuki(1980)는 영향력을 "대상 인물에 대한 효과"로 정의하는가 하면, Hugher, Ginnett 및 Curphy(1996)는 "영향력 책략들의 결과로 일어나는 대상 인물의 태도 가치관, 신념 또는 행동상의 변화"라고 정의하고 있다.[20)]

이와 같이 영향력도 학자에 따라 다양한 각도에서 그 정의가 내려지고 있는 상황이다. 광의의 입장에서는 리더십과 영향력은 동일한 의미로 사용되고 있으며, 협의의 입장에서는 리더십과 영향력은 구분되어야 하며 리더십은 단순한 영향력을 넘어서는 것으로 보고 있다. 다만 군에서와 같은 공공 조직에서는 리더십을 협의의 관점이 더 유용하게 활용하며 활용되고 있는 추세이다.

---

20) 신응섭 외(1999), 『리더십의 이론과 실제』, 58쪽

리더십과 영향력

□ 리더십과 영향력
* 광의의 관점 : 리더십과 영향력은 동일한 과정
  - △ 리더십 : 집단 내 구성원들 간 영향력이 발휘되는 모든 과정
  - △ 리더 : 당면 상황에서 가장 많은 영향력을 발휘하는 사람
  - △ 영향력 행사의 목적, 수단은 중요하지 않음
* 협의의 관점 : 리더십과 영향력의 구분 필요
  - △ 리더십은 단순한 영향력 발휘 이상의 내용 포함
  - △ 부하의 자발적인 복종을 유도시키는 방향으로 영향력을 발휘
  - △ 권한이나 강제를 이용한 외형적인 복종 강요는 리더십이 아님

※ 공식적인 조직체(공무원, 군, 대규모 기업체 등)에서의 리더십을 다루는 경우는 협의의 관점이 더 유용하게 활용

(2) 권력

권력에 대한 정의 또한 학자들의 견해가 서로 다르다. 대표적인 학자들의 정의를 보면 다음과 같다. French(1956)는 사람 B에 대한 A의 권력은 'A가 B에 대해서 일으킬 수 있는 최대의 힘에서 B가 그 반대 방향으로 움직일 수 있는 최대의 저항력을 뺀 것과 같다.'라고 주장하였다.[21]

또한 Dessler(1980)는 권력이란 '타인에게 영향을 미치기 위한 잠재력의 보유'라고 정의하고 있으며, Hunsaker와 Cook(1986)는 '타인으로 하여금 자신이 원하는 것을 하게끔 영향을 미치는 역량 또는 잠재력'이라고 보고 있다.[22]

이외에도 많은 학자들이 권력의 정의에 대해서 서로 다른 정의를 내리고 있다. 정리하자면 권력이란 '대상 인물에 영향력을 발휘할 수 있는 행위자의 잠재력이나 역량'으로 보는 것이 이러한 혼란을 다소 피할 수 있을 것이다.

(3) 권한

권한이란 합법성과 정당성을 함축하고 있는 권리라고 할 수 있다. 즉 '권력과 같이 타인에게 영향력을 미칠 수 있는 잠재력이지만, 권한이란 단어 속에는 합법적이고 윤리적인 정당성의 의미를 내포하고 있다.'고 Peabody는 주장하고 있

21) 신응섭 외(1999), 상게서

22) 신응섭 외(1999), 상게서

다. Jacobs(1970)는 권한을 '영향력을 행사할 수 있는 행위자로서의 권리'로, Burns(1978)는 '전통, 종교, 세습 등에 의해 합법화된 권력'으로 정의하고 있다.[23)]

영향 과정, 권력, 권한의 비교

영향과정	권력	권한
타인의 행동(태도), 가치관(신념)에 효과적인 변화를 일으키는 제반 과정	대상 인물에 대해 영향력을 행사할 수 있는 행위자의 잠재력(potential)이나 역량(capacity)	합법성 및 윤리적 정당성을 함축하고 있는 권력(권리)

합법적인 권력을 권한이라고 하며 권력의 표현된 형태가 영향력이다.

나. 권력과 리더십

(1) 리더 권력의 유형

권력 유형에 대해서 현재까지 몇몇 연구자들이 그 나름대로의 여러 유형을 제안했다. 대표적인 권력 유형들을 알아보면 다음과 같다. French와 Raven은 권력 유형을 ① 보상 권력 ② 합법적 권력 ③ 전문성 권력 ④ 강제 권력 ⑤ 준거 권력의 5가지로 구분하였고, 이 권력 유형이 가장 일반적으로 활용된다. 이 권력 유형들에 대한 개념을 정리하면 아래와 같다.

다만, French와 Raven에 의하면 이들 다섯 가지 유형들은 상호 독립적으로 작용할 수 없다고 했다.[24)] 따라서 리더 권력의 유형은 상호의존적이며 중복적이라 할 수 있다.

23) 신응섭 외(1999), 상게서, 59쪽

24) 신응섭 외(1999), 상게서, 61쪽

권력의 유형들

권력의 유형	내용
보상 권력	권력 보유자가 보상을 제공할 수 있는 능력을 가지고 있다는 권력으로서 수용자의 지각에 근거를 두고 있음. 사람들이 권력 보유자에 의해 통제된다고 믿는 보상을 얻기 위해 따름
강제 권력	권력 보유자가 할 수 있다는 권력 수용자의 지각에 근거하고 있음. 사람들이 권력 보유자에 의해 통제된다고 믿는 처벌을 피하기 위해서 따름
합법적 권력	권력 보유자가 행동을 규정할 수 있는 공인 또는 인정된 권리를 가지고 있다는 권력 수용자의 지각에 근거를 두고 있음. 사람들이 권력 보유자가 요구할 권리가 있고, 그를 따를 의무가 있다고 믿기 때문에 따름
전문성 권력	권력 보유자가 특별한 전문 지식을 가지고 있다는 권력 수용자의 지각에 근거함. 사람들이 권력 보유자가 일을 하는 최선의 방법에 관한 특수한 지식을 갖고 있다고 믿기 때문에 따름
준거 권력	권력 수용자가 권력 보유자를 동일시하고 싶어 하는 특성을 가졌다는 지각에 근거를 두고 있음. 사람들이 권력 보유자를 찬양하거나 동일시하며 그의 인정을 받기를 원하기 때문에 따름

(2) 리더 권력의 근원

권력의 근원 또는 기반에 대해서도 학자들 간의 다소의 견해 차이가 있다. 리더의 권력의 근원은 무엇인가? 리더의 권력은 어디로부터 오는가? 리더가 가지는 것인가? 아니면 부하들이 부여하는 것인가? 이렇듯 리더의 권력은 조직에서 이론적 해석이 다른 근원들을 내포하고 있다. 그러나 이를 종합해보면 대부분이 한 개인이 원하는 어떤 것 때문에 타인에 의존하는 것으로 시작된다.

Organ과 Bateman(1986)은 리더의 권력의 근원을 합법성, 자원에 대한 통제, 전문성, 사회적 관계, 개인적 특성을 들고 있으며, 미국 육사의 리더십 교재(1981)에서는 재산, 외모, 인성, 직책, 행동, 지식 등을 근원으로 들면서 리더의 유효한 자원들, 부하의 의존성, 부하들에 대한 대안적 유용성의 세 가지 상호의존성 속성들을 고려해야 한다고 기술하고 있다.

조직 내에서의 권력의 근원에 대해서 Yuki(1989)이 주장한 내용들을 중심으로 살펴보면 다음과 같다.[25)]

조직에서의 권력의 근원

직책 권력	• 공식적 권한 • 자원과 보상에 대한 통제 • 처벌에 대한 통제 • 정보에 대한 통제 • 생태 환경학적 통제 • 개인적 권력
개인적 권력	• 전문성 • 준거 권력 • 카리스마

(가) 직책 권력[26)]

1) 공식적 권한

공식적 권한이란 합법적 권력으로 불리기도 한다. 즉 부하에게 명령할 권한을 가지며 부하는 상사의 명령에 따라 의무를 지니는 관계에서 이루어지는 구조적인 권력이다.

물론 합법적 권력이 주어질 때에는 보상과 징계를 줄 수 있는 권한도 함께 주어지는 것이 일반적이다. 예를 들면 군에서 상관이 명령을 내리면 부하들은 그 명령에 복종할 의무가 있다. 또한 법조계에서도 판사나 검사 혹은 경찰관에게 주어지는 권력은 법으로 보장된 권력이다.

이러한 합법성은 거의 전적으로 그 리더가 어떻게 임명 및 선발되었느냐에 의존하게 된다. 만약 어떤 리더가 구성원들이 합법적이라고 생각하는 절차를 벗어나서 임명되거나 선발되었다면, 그 리더의 권한은 그만큼 약화되기 마련이다. 따라서 공식적 권한은 다른 어떤 권력보다 특수한 직책과 관련된 특권에서 영향력을 행사하고 일상적으로 이용될 수 있다.

25) 신응섭 외(1999), 상게서, 64쪽

26) 신응섭 외(1999), 상게서, 64-68쪽

공식적 권한

□ 공식적 권한(합법성 권력)
* 한 조직 내 특수한 직책과 관련된 특권
* 리더(특정의 요구를 할 수 있는 권리), 부하(그에 복종할 의무)
* 선행조건 : 인지된 합법성(나에게 명령을 내릴 권리가 있는가?)

2) 자원과 보상에 대한 통제

보상적 권력은 부하직원이 상사로부터 보상을 받을 수 있다고 생각하는 권력이다. 예를 들면 부하직원들에 비해 상사에게는 봉급 인상, 보너스와 같은 금전적인 보상과 승진, 승급과 같은 더 많은 책임감과 권한이 부여되기도 한다.

이러한 권력은 자원과 보상에 대한 통제이다. 이 통제는 부분적으로는 공식적 권한으로부터 비롯된다. 조직의 권한 체계에서 한 개인의 직책이 높을수록 그 사람이 가지는 자원에 대한 통제권은 더 많아진다고 볼 수 있다.

보상 권력은 자원에 대한 통제력뿐만 아니라 요구나 임무가 실행 가능한 것이고 실행할 경우 실제 약속된 보상을 받을 수 있을 것이라는 부하 또는 대상 인물의 지각에 의존한다.

보상 권력의 한 형태는 보상과 승진에 대한 영향력이다. 부하들에게 보상을 할당할 수 있는 리더의 권위와 재량의 정도는 권한 수준뿐만 아니라 조직에 따라서도 차이가 있다. 어떤 리더들은 이 모든 보상을 다 사용할 수 있는 기회를 가지는 반면 또 다른 리더들은 보상에 대한 권한이 제한되기도 한다.

부하들도 또한 보상 권력을 가질 수 있다. 비록 부하들이 공식적으로 리더를 평가하는 조직이 그리 많지는 않지만, 부하들은 항상 리더의 평판과 급여 인상, 나아가 승진 가능성에 대해 간접적인 영향을 줄 수 있다.

부하들이 열심히 일한다면 리더의 평판은 좋아질 것이다. 또 어떤 부하들은 조직의 공식적 권한 체계 밖에서 자원을 획득할 수 있는 능력에 기초한 보상 권력을 갖기도 한다.

3) 처벌에 대한 통제

권력의 또 다른 근원은 처벌에 대한 통제와 원하는 보상을 받지 못하게 막는 통제이다. 이런 형태의 영향력을 때로는 강제권력(强制權力)으로 부르기도 한다.

강제권력은 상사가 부하에 대해 해고나 징계 또는 그 회의 어떤 벌을 줄 수 있다고 믿는 믿음에 근거한 권력이다. 긍정적인 보상을 주는 보상적 권력과는 달리 강제적 권력은 부정적이며 두려움에 기본을 두고 있다. 그 이유는 한때 고용주들은 그들이 정당하다고 생각하는 어떤 이유만 있으면 고용인들을 해고할 수 있는 권리를 가지고 있었다. 군대의 지휘관들도 전투 기간 중 명령에 불복하거나 항명하는 병사를 처벌할 수 있다.

그러나 최근 이런 형태의 강제 권력은 대부분의 국가나 조직에서 금지되거나 엄격히 제한되고 있다. 강제 권력은 역사적으로 가장 보편적인 리더의 영향력 형태 중 하나지만, 그것의 빈번한 사용은 효과가 입증되기 보다는 몇몇 리더들의 무지 또는 심리적 욕구에 기인하는 것이어서 비효과적인 때가 훨씬 많았다.

때로는 강제가 적절한 상황도 있다. 역사적으로 보면 정치 및 군사 지도자들이 기강을 유지하고 반역자와 범법자를 다루는 데 강제를 효과적으로 이용한 예들이 있다. 그렇지만 강제는 대다수의 부하들이 합법적이라고 여기는 조건 하에서 부하들에게만 적용할 때 효과적이다.

부하들이 강제대응권력(counter power)을 이용할 수도 있다. 대부분의 조직에서는 부하들이 그들 리더의 수행 평가에 간접적으로 영향을 줄 수 있음을 앞에서 이미 언급한 바 있다. 만약 부하들이 의도적으로 불만을 터뜨리거나, 시위를 하거나 또는 상급자에게 불만을 털어놓는다면 그들 리더의 평판은 손상을 입게 될 것이다.

4) 정보에 대한 통제

권력의 또 다른 근원은 정보에 대한 통제이다. 이 통제에는 중요한 정보에 대한 한 개인의 접근과 타인에게 정보를 분배하는 것에 대한 통제가 포한된다. 정보에 대한 접근의 허용은 대개 조직의 의사소통 과정에서 한 개인의 직책으로부터 비롯되는 것이 대부분이다.

인사나 정보 직책에 근무하고 있는 사람들은 가끔 부하나 동료들이 직접 접근할 수 없는 정보를 획득할 수 있는 기회를 제공해 준다. 또 조직의 일선에서 근무하는 직책은 한 조직의 외적 환경에서 일어나는 사건들에 관한 중요한 정보에 접근할 수 있는 기회를 제공해 준다.

한 조직의 직책을 점유하고 있는 개인은 항시 정보의 근원 네트워크를 개발하고, 그것들로부터 징보를 수집하는 일에 적극적이어야만 정보 통제 권력을 활용할 수 있을 것이다.

상관이 내린 결정의 유일한 하향 의사소통 경로에 위치한 중간 리더들은 그것을 부하나 동료들에게 선택적으로 해석해 줌으로써 그들에게 영향을 미칠 수 있다. 사실, 정보에 대한 통제는 리더의 전문성을 제고시켜 리더로 하여금 부하들보다 더 많은 전문성 권력을 갖게 하는 데 이용되기도 한다. 상관이 의사결정을 하는 데 필요한 정보에 부하가 배타적으로 접근할 수 있다면, 그것이 상관의 의사결정에 영향을 줄 수 있는 영향력의 한 근원이 되는 것이다.

어떤 부하들은 점진적으로 운영되는 정보의 수집, 저장, 분석 및 보고에 더 낳은 책임을 떠맡음으로써, 영향력을 적극적으로 추구하기도 한다. 운영 정보 흐름에 대한 통제는 또한 부하들로 하여금 그들의 성취를 과장하게 하거나, 실수가 노출되지 않도록 덮어주기도 하고 나아가 그들의 업무에 필요한 전문성의 정도와 자원의 양을 과장할 수 있도록 해준다.

5) 생태 환경학적 통제

부하들의 행동에 대한 리더의 영향력의 한 중요한 근원은 물리적 환경, 기술 및 업무의 조직화를 통한 통제이다. 이것은 물리적 그리고 사회적 조건들을 조작하여 간접적으로 사람들의 행동에 영향을 주는 것으로, 때로는 상황공학(situational engineering)이라 불리기도 한다.

한 개인의 행동은 부분적으로는 상황적인 통제와 구속에 대한 인식에 의해서 결정되기 때문에, 환경이나 상황을 재배열함으로써 개인의 행동을 변화시킬 수 있는 것이다. 예를 들어 장비에서 특수한 빛이나 신호가 나도록 하여, 운용자에게 지금은 정비가 필요한 시간이라는 것을 알려 주거나, 계속 일을 하면 고장이나 사고가 일어날 수 있음을 경고하여 그에 대비한 행동을 하게 할 수 있다. 또 장비를 만들거나 배치할 때 운용자의 작업 속도를 조정하도록 설계할 수도 있다.

조직 내의 고위 간부들의 경우, 권한 체계, 공식적 평가 및 보상 체계 그리고 정보 체계를 포함하는 공식적인 조직 구조를 설계하는 것이다. 하위 수준의 부하들 행동은 권한의 위임, 재량권의 한계설정 및 공식적 업무 규칙과 절차의 확립에 의해서 영향을 받는다. 또 보상 권력에서처럼 개인적 보상에만 의존하지 않고, 보상을 사전에 결정된 기준에 의해서 공식적 보상 체계를 확립할 수도 있다.

(나) 개인적 권력[27)]

1) 전문성

개인적 권력에서 전문성 권력은 상사가 어떠한 분야에 있어 전문적인 지식, 능력, 그리고 기술을 가지고 있다고 부하가 믿을 때에 발생하는 권력을 말한다. 이 권력은 지식기반 사회가 본격화되는 21세기 조직의 리더에게 있어 특히 요구되는 권력이라 할 수 있다.

따라서 리더는 지속적으로 그의 기술적 전문성에 대한 평판을 유지 및 발전시켜 나가야 한다. 실제 전문성은 교육과 실무 경험의 연속적 과정을 통해서 유지 발전된다. 따라서 직무에 대한 많은 관련 서적을 읽고 관련 분야의 워크숍 및 세미나에 참석하는 등 그 분야의 새로운 발전에 대한 지식을 계속 습득 및 유지하는 것이 중요하다.

전문성의 근거를 학위증, 면허증 및 상장의 형태로 전시할 수도 있다. 가장 확실한 접근은 중요한 문제를 해결하고, 훌륭한 결정을 내리며, 건전한 조언을 제공하고 도전적이지만 고도로 거시적인 프로젝트를 성공적으로 완수하여 전문성을 과시하는 것이다.

그러나 특수한 지식과 기술도 그것을 보유한 사람에 대한 의존성이 지속될 때에만 권력의 근원이 된다. 따라서 사람들은 전문성 가치의 상실을 피하기 위해 지식과 내용들을 비밀에 부치거나, 과업이 보다 복잡하고 신비하게 보이도록 특수한 기술적 용어들을 사용함으로써, 그리고 편람, 도표, 청사진 및 컴퓨터 프로그램과 같은 과업 절차에 관한 대안적 정보의 근원들을 파괴해 버림으로써 그들의 전문성 권력을 보호하려 하기도 한다.

2) 준거적 권력

준거적(準據的) 권력은 다른 사람이 특정인에 대해 갖고 있는 신뢰나 존경, 매력에 기반을 두는 권력이다. 타인에게 인기가 있는 사람은 공식적 권한이 없어도 타인에게 영향을 미친다. 즉, 준거적 권력은 호감이나 존경을 받는 사람이 자신을 존경하는 사람들에게 행사할 수 있는 권력이다. 사람들은 일반적으로 어떠한 사안을 결정할 때 자신이 매력을 느끼거나 존경하는 사람이라면 같은 상황에서 어떻게 할지 생각해 보고 그 사람에 준거하여 마음을 정하는 경향이 있다. 이것은 존경의 대상이 되는 사람이 자신을 존경하고 있는 사람을 움직인 것과 마찬가지이므로 권력을 행사한 것으로 볼 수 있는 것이다.[28)]

---

27) 신응섭 외(1999), 상게서, 68-71쪽

리더의 준거 권력은 부하들에게 친절하고 사려 깊게 행동하거나, 그들의 요구와 감정에 깊은 관심을 보여 주거나, 그들에게 신뢰와 존경을 보여주고 나아가 그들을 공정하게 대우해 줌으로써 증대된다. 한 예로 Whyte(1969)는 리더와 부하 간의 신분 차이로 인한 인간관계의 잠재적 저해 가능성은, 그 차이를 좁혀 주는 상징적 행동들의 중요성을 증가시켜 준거적 권력을 증대시킴을 발견하였다.

근무 시간을 작업 현장에서 보내면서, 부하들과 같이 작업복을 입고 장비가 고장 났을 때는 옷이 더러워짐에 아랑곳하지 않고 부하들을 돕거나 같이 수리를 하는 등의 상징적 행동은, 리더의 부하들에 대한 수용과 존중을 과시해 주는 것으로 적은 시간과 노력으로 부하들의 충성심을 불러일으키는 것이라고 그는 결론으로 내리고 있다. 반대로 사람들을 조작하거나 이용하려 하는 리더나 적대적·거부적 또는 거만한 방식의 행동을 하는 리더는 시간이 지나면서 점점 준거 권력을 상실하게 된다.

따라서 준거 권력은 동료에 대한 수평적 영향력의 한 중요한 근원이 되기도 한다. 수평적인 준거 권력 관계는 평소 동료들에게 필요한 정보, 도움 및 자원을 적극적으로 제공해 주거나 도움을 제안함으로써 동료들이 요청 시 특별한 호의를 베풀어 주거나 동료들의 특별한 성취에 찬사를 보내줌으로써 축적된다. 준거 권력의 개발 및 유지의 성공의 매력, 재치, 사교, 공감 및 유머와 같은 인간관계 기술에도 의존한다.

3) 카리스마

많은 사람들이 리더십에서 첫 번째로 생각하는 것이 카리스마의 리더십이다. 카리스마 리더십은 원래 1920년대 맥스 웨브에 의해 제시되었다. 리더십 권력 유형 중에서 개인적 카리스마를 준거 권력의 한 형태로 볼 것인지 또는 다른 권력 형태로 보는 것이 옳은 지는 아직 분명치 않다.

부하들은 일반적으로 카리스마적 리더에게 자신을 동일시하며 그 리더에게서 강한 정서적 매력을 경험하는 것으로 알려져 있다. 카리스마적 리더와의 동일시 과정은 비카리스마적 리더와의 동일시 과정보다 빠르고 더 강렬하다.

카리스마적 리더의 속성은 잘 이해되어 있지 않으나, 개인적 매력, 극적이고 설득력 있는 연설 능력, 강한 열정 및 확신 같은 특성들이 포함되는 것으로 나타나 있다. 동시에 이 특성들은 카리스마적 리더를 약간 더 신비스럽고,

28) [네이버 지식백과]

부하들을 승리, 성공 또는 보다 나은 세계로 이끌어 줄 수 있는 인물로 보이게 만들어 준다.

카리스마적 리더는 부하들의 욕구, 희망 및 가치에 대한 통찰을 갖고 있으며 자신의 정책과 전략에 대하여 부하들의 참여를 동기화 할 수 있는 비전을 창조할 수 있다.

"정치의 핵심은 권력이다. 그리고 권력은 인간의 손에 쥐어질 수밖에 없으며, 인간의 손에 들어간 권력은 언제나 남용의 가능성이 존재한다."

– James Madison

⁂ **수시평가(과제평가) 6차 :** 작성 후 절취선을 따라 분리 제출하시오.

❒ **권력의 종류에 대해서 설명하고 강제권력과 보상권력을 비교하여 발표하세요.**

1. 강제권력 :

2. 보상권력 :

3. 적용 상황과 차이점 비교 :

3. 조직과 관리

가. 조직의 정의

조직이란 어떤 역할이나 기능을 수행할 수 있도록 협동하는 체계로 개개인의 요소가 일정한 질서 하에서 결합하여 하나를 이루는 것이며, '결합된 집단 또는 공동체가 일정한 목적을 달성하기 위해 지휘 관리와 역할 분담이 정해져 있다.' 라고 정의하고 있다. 조직은 무엇보다도 집단의 목표를 달성하기 위한 개개인의 역할 분담이 잘 이루진 것이 특징이다.

나. 조직 구조의 특징29)

조직체에는 많은 구성원들이 속해 있고, 조직체 자체의 목적을 달성하려면 이들 구성원들 간의 관계가 유기적으로 유지되어야 한다. 구성원들 간의 관계는 조직체가 작은 경우보다는 큰 조직체의 구성원들 간의 관계를 체계화하는 것이 더 중요하다.

이와 같이 구성원들 간에 체계적인 관계를 맺어 나가는 과정에서 조직체의 구조가 형성되고, 이 조직 구조에 따라서 전체 조직체의 행동은 물론 조직체의 성과도 많은 영향을 받게 된다.

조직체는 그 업종과 목적 그리고 규모에 따라서 다양한 형태의 조직 구조를 형성한다. 국가 통치 조직과 군 조직은 물론이고, 기업, 금융기관, 교육기관, 의료원, 공공기관 등 조직체의 업종에 따라서 조직 구조가 다를 뿐만 아니라, 같은 업종의 조직체라도 조직의 규모에 따라서 구조가 다르다.

따라서 조직체는 주어진 환경에서 자체의 목적을 달성하는 과정에서 가장 적합한 조직 구조를 형성함으로써 조직체마다 각기 다른 다양한 조직 구조를 가지는 것이 특징이다.

다. 조직 문화의 개념

조직 문화 개념은 조직체를 사회적 관점과 더불어 비공식 조직체 관점에서 연구하는 것으로 학문적으로 연구가 시작된 것은 1960년대부터이다. 1980년대 이후 조직 문화는 학계와 조직체의 관심 속에서 많은 연구가 진행되어 다양한 관점들이 제시되고 있다.

29) 이학종 외(2004), 『조직행농론』 , 394쪽

먼저 문화라는 단어는 일상생활에서 흔히 사용되는 용어이지만, 이를 정확하게 정의하기는 매우 어렵다. 일반적으로 문화란 사회를 구성하고 있는 사람들이 공동으로 소유하고 있는 가치관과 신념, 이념과 관습 그리고 지식과 기술을 포함한 거시적이고 종합적인 개념으로써, 사회구성원의 행동에 영향을 주는 중요한 요소로 인식되고 있다. 따라서 문화는 '사회구성원의 행동과 사회체계를 형성하고 이들을 연결하여 조정하는 총합 요소이다.'라고도 할 수 있다.[30)]

따라서 조직문화는 조직 내에 형성된 조직 자체의 독특한 의식 또는 체계를 의미하며, 조직 속에서 하나의 사회현상으로 유지되고 있다. 즉 조직문화는 개인과 사회에 대한 이해를 바탕으로 조직체가 주어진 환경 속에서 자체의 목적을 달성해 나가는 과정에서 형성하게 되었다.

라. 리더십과 관리

관리의 정의를 살펴보면 '조직을 효율적이고 계획적으로 관리하는 것'이라 할 수 있다. 즉 조직 내 직무를 어떤 구조로 가져갈 것인가? 그리고 직무구조에 따라서 부하들을 '어떻게 동기화할 것인가? 특히 커뮤니케이션 및 의사 구조 결정을 어떻게 선택할 것인가?'를 결정하는 과정이라고 할 수 있다.

이러한 관리의 특징에 따라 관리 이론가들은 전통적으로 관리의 목적을 '관리의 대상자들을 일정한 기준과 절차에 맞추어서 잘 가동되도록 하는 것'이라고 보았다. 관리 이론가들은 직접적인 대면 상황 하에서 관리자와 부하들 간의 상호작용 문제에 관해서는 관심을 기울이지 않는다. 이러한 직접 대면 상황에서의 상호작용 문제는 리더십의 문제라고 본 것이다. 이러한 관점이 리더십과 관리자의 개념을 서로 구분되는 개념으로 보게 하는 것이다.

이처럼 리더십과 관리를 구분하는 개념으로 보는 학자들의 입장을 요약해 보면, 리더는 부하를 동기화시키고 자발적으로 따라오게 만들려고 하는 사람인 반면, 관리자는 자신에게 부여된 권한을 행사하여 자신의 책임과 의무를 완수하려는 사람이다. 따라서 리더십과 관리는 개념적으로 명확히 구분이 되는 용어이다.

그리고 조직에서는 리더와 관리자의 두 용어의 축이 존재하지만 그들이 수행하는 직책의 명분에 근거하여 양자를 구분하는 것은 의미가 없다. 대부분이 관리자가 리더이고 리더가 관리자이기 때문이다.

모든 사람들이 리더십과 관리를 동시에 잘할 수는 없다. 어떤 사람이든 관리

30) 이학종 외(2004), 상게서, 454쪽

자로서의 능력은 훌륭하지만 리더로서의 자질은 없다. 또 어떤 사람은 리더로서의 자질은 있지만 뛰어난 관리자는 될 수는 없는 약점이 있다.

우수 기업들은 이 두 가지의 부류의 사람들의 가치를 잘 파악하여 이들이 팀워크를 이루도록 애쓴다. 관리를 위해서 기업이 여러 가지 복잡한 기능들을 체계적으로 다룰 수 있다면, 리더십 기능은 조직 또는 집단의 나아갈 길을 제시함으로써 기업에 건설적인 변화를 가져오게 되는 것이다.

리더십과 관리의 구분

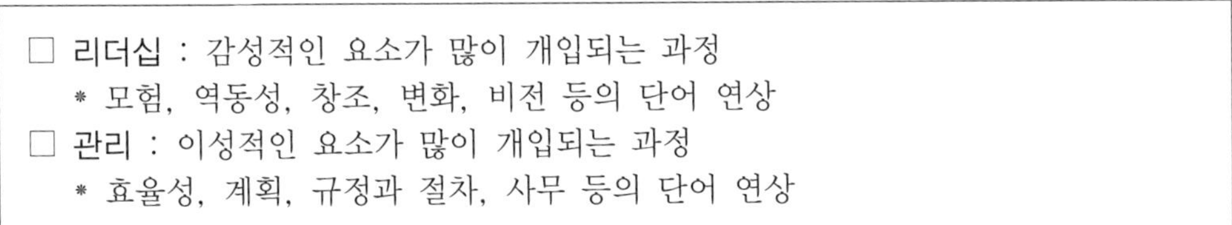

□ 리더십 : 감성적인 요소가 많이 개입되는 과정
  * 모험, 역동성, 창조, 변화, 비전 등의 단어 연상
□ 관리 : 이성적인 요소가 많이 개입되는 과정
  * 효율성, 계획, 규정과 절차, 사무 등의 단어 연상

"사업을 할 때 훌륭한 일들은 절대 한 사람에 의해 일어나지 않는다.
훌륭한 일들은 여러 사람들의 팀으로 이루어진다."

– Steven Paul Jobs

⁂ **수시평가(과제평가) 7차 :** 작성 후 절취선을 따라 분리 제출하시오.

❐ 아래 과자공장의 사례를 읽고 리더의 역할을 생각해 보세요.

일본 시가현 오쓰시에 한 과자공장이 있다. 이 과자공장의 직원들은 그 예절이 뛰어나고 서비스에 친절하기가 정평이 나 있었다. 많은 백화점들이 이 과자공장으로 직원들의 예절을 배우기 위해 찾아왔고, 많은 관광객들이 이 과자공장의 과자맛을 보기 위해서 올뿐 아니라 직원들의 친절한 서비스를 보기 위해서 견학을 오곤 하였다.

그런데 더욱 놀라운 일은 이 과자공장의 직원들이 모두 이렇게 뛰어난 예절을 갖추게 하기 위해서 회사가 투자하는 예절 교육비는 한 푼도 없었다는 것이다.

어떻게 예절교육도 받지 않고 훌륭하게 예절을 지니게 되었냐는 질문에 한 직원이 이렇게 대답했다. "우리는 모두 사장님을 따라 하고 있을 뿐입니다."

❐ 위 사례를 참조 조직에서 리더의 자세와 역할에 대해 발표해 보세요.

제3절 군 조직과 환경변화

<table>
<tr><th>구분</th><th>학습 목표</th><th>평 가</th></tr>
<tr><td>1</td><td>• 군 조직의 특성과 임무를 설명할 수 있다.</td><td rowspan="3">• 세부 단원 종료 후 수시평가
• 전 단원 종료 후 단원평가</td></tr>
<tr><td>2</td><td>• 병영문화와 신세대 장병들의 의식구조를 설명할 수 있다.</td></tr>
<tr><td>3</td><td>• 미래 전쟁 환경의 개념과 특징을 설명할 수 있다.</td></tr>
</table>

1. 군 조직의 특성

가. 군 조직의 성격

군 조직의 존재 목적은 외부의 군사적 위협과 침략으로부터 국가를 보호하고 평화통일을 뒷받침하며 지역의 안정과 세계평화에 기여하는 데 있다. 이러한 군 조직은 구성원의 자유의사 및 재량권보다는 목표 달성을 위한 행동의 절대성을 요구한다. 다시 말해 군 조직은 조직이나 개인보다 국가가 우선시되며, 임무 수행의 신속성과 명확성을 요구한다. 또 군 조직은 국토방위의 절대적 목표와 더불어 국가 정책에 협조하고 국민의 안녕과 경제 활동의 보조, 구성원 개개인의 의식 함양 및 발전 능력을 키우기도 한다.

군 조직은 일반사회와는 달리 위에서 언급한 목적을 달성하기 위해 특수한 상황 아래서 특수한 방법으로 임무를 수행해나가는 조직이라고 할 수 있다. 따라서 군 조직은 타 조직과 달리 다음과 같은 독특한 성격을 지지고 있다.[31]

(1) 정신적 측면

군 조직은 정신적 측면에서 그 성격을 분석해 보면 첫째, 국가의 이념과 주의를 절대적으로 신봉해야 한다. 둘째, 동일한 규칙, 기준, 가치관에 따라 행동한다. 셋째, 상관과 부하 사이 그리고 구성원 상호 간에 서로 신뢰와 존경이 형성되어야 목표를 달성할 수 있다. 넷째, 장병 각자가 개인의 목표를 가짐과 동시에 적과 싸워 반드시 승리한다는 목표를 향해 노력해야 한다. 다섯째, 일반사회와는 다른 군대 특유의 교양 즉, 문화와 지식을 갖추어야 한다.

군 문화는 '엄정한 군기강과 정신무장을 바탕으로 실전적인 교육훈련을 통해 미래의 비전을 주도할 군사력을 건설하여 적과 싸워 반드시 승리하는 군대' 육성을 핵심가치로 삼는다.

(2) 집단적 측면

군 조직은 명령에 따라 움직이는 일사분란(一絲不亂)한 행동적 조직이다. 군 체계는 지휘자와 부하의 관계가 매우 중요시되는 집단으로 사단장, 연대장, 장교, 부사관, 병 등 계급별 또는 직책별, 신분별로 역할이 분류되고 이에 따른 임무를 수행한다. 군령태산(軍令泰山)이라는 말과 같이 군 조직은 개인의 의사나 가치관보다 조직의 절대성이 더욱 강조되는 조직이다.

---

31) 육군본부(1997), 『지휘통솔』, 2-2쪽

(3) 구조적 측면

군 조직은 구조적 측면에서 보면 첫째, 다른 조직에 비해 다양한 사회계층의 인원들로 구성되어 있다. 둘째, 타 집단에 비해 비교적 남성 위주의 조직이다. 현재도 여성이 현역으로 근무하고 있기는 하지만 주로 남성 위주의 성비로 구성되어 있다. 셋째, 단일민족이 아닌 여러 민족이 같은 규율 밑에서 생활할 수 있는 조직이다. 군대가 주로 국가라는 모태를 기반으로 하여 형성되어 있기 때문이다. 현재 우리 군도 다문화군으로 거듭나고 있다.

나. 군 조직의 특징

군 조직의 특징을 확인해 보는 데는 Moskos의 견해가 유용하다. Moskos는 전체 사회 속에서 군 조직의 변수를 분석할 수 있는 개념틀로 공조직주의와 직업주의를 선정하여 비교하였다.[32)]

Moskos에 따르면 군은 전통적으로 공조직주의적 특성을 많이 지니고 있다고 하였다. 공조직주의란 전제되어진 어떤 보다 나은 선(善)을 위하여 개인의 자기 이익을 초월하는 가치, 규범, 목적성 등을 정당화하는 조직, 제도 등을 의미하는 것이다.

이에 반해 직업주의는 시장주의 개념으로 해석된다. 직업주의는 규범적 고려보다는 공급과 수요를 우선적으로 고려하여 기술 수준이 동일하면 동일한 대우를 받아야 하고, 적정한 의무를 이행함으로써 적정한 관리를 주장할 수 있다고 본다.

아래 표에서 보는 것처럼 군인으로 퇴직 후의 지위가 공조직과 민간 조직의 차이를 뚜렷하게 나타내 보이고 있다. 군 조직(공조직)과 민간 조직(직업)의 차이는 합법성(정당성)에서 대별되어진다. 직업주의의 모델에서는 조직보다는 개인의 이익이 우선시 되고 있다.

32) 이병익(2003), 『군 초급간부의 리더십 향상에 관한 연구』, 16쪽

공조직주의와 직업주의의 비교

구분	공조직주의	직업주의
합법성(정당성)	규범적 가치	시장경제
사회적 존경	복무 개념에 따른 존경	보상 수준에 따른 지위
역할 수행	확산적 : 일반론자	구체적 : 전문가
준거 집단	군내 수직적	군 외부 집단과 수평적
획득 유도	성격적 자질 : 인생관	높은 보수 : 기술적 훈련
성과 평가	전체적, 질적	부분적, 양적
보상 근거	서열(계급, 서열)	기술 수준과 능력
보상 형태	비현금 형태/전역 후 특혜	월급과 상여금
법률 체제	군법 적용	민법 적용
배우자	군의 일부분	군에서 분리
주 거	일과 주거가 인접	일과 주거가 분리
퇴직 후 지위	전역 군인에게 특혜	없음

출처 : 육군본부, 한국군 리더십, 343쪽

이러한 군 조직의 특성은 대·내외적 시대의 흐름에 따라 많은 변화를 보이고 있다. 특히 현대의 군은 새로운 변화에 대처하기 위해 민간 전문 경영기법의 도입과 여군의 획득 확대, 자율과 책임의 임무형 지휘체계 정착, 병사들의 복지증진, 구성원 상호 간에 폭행 및 폭언 금지, 다문화병사의 확대에 따른 복무 여건 조성 등 다양한 선진 군 문화의 접목과 군 조직의 효율화를 달성하는데 심혈을 기울이고 있다.

보다 중요한 것은 성공적인 군 복무를 마친 장병들이 군 조직에서 체득하게 되는 무형적인 요소로써 인내심과 극기력, 독립심, 리더십과 공동체 의식, 가족의 지지와 부모의 중요성을 인식하는 등 일반조직에서 배우지 못한 개인의 내면적인 가치를 군 조직을 통해 배우게 된다는 것이다.

더 나아가 군 조직은 일반 조직과는 차별화된 목적을 갖고 있기 때문에 리더의 높은 도덕성과 더불어 윤리성을 바탕으로 한 소명의식이 다른 어느 조직보다도 강조될 수밖에 없다.

다. 군 임무의 특징

군대는 외부의 침략으로부터 나라를 수호하기 위해 무력을 사용한다. 그리고 이러한 무력을 효과적으로 운용하기 위해서는 엄격한 규율과 상명하복의 위계질서가 요구된다.

오늘날 군대는 과거의 권위주의를 배격하고 상호존중과 배려, 솔선수범을 통한 합리적이고 유대감을 중시하는 인간중심의 지휘구조로 변화해 가고 있다. 그러나 군대의 지휘통솔 방법이 이렇게 변한다고 해서 군대 조직의 특성과 임무가 바뀌는 것은 아니다. 군대는 오로지 국민을 위해서 합법적으로 존재하고 무력을 사용한다.

그렇기 때문에 임무완수에 최선을 두고, 위계질서를 생명으로 하며, 상관에 대한 절대적인 복종과 엄격한 규율, 골육지정(骨肉之情)의 단결과 협동심, 무한한 희생과 헌신이 요구된다. 즉 군대는 국가를 보위하고 국민의 생명과 재산을 보호하는 차원에서 국가안보의 중추적 책임기관이다.[33]

군 임무의 특징은 적의 도발을 사전에 억제하여 전쟁을 방지하고, 만약 전쟁 예방이 실패할 경우를 대비키 위해 고도의 준비태세를 유지해야만 한다. 특히. 군은 국가를 위해서 부여된 사명으로 임무를 수행하는 것이며, 그 임무수행의 영역 내에서 자율성과 전문성을 지닌다.

또한 군은 국가로부터 합법적으로 국가를 대신해서 임무를 수행하는 기관이며, 임무수행 과정에서 폭력의 사용이 특징이다. 군은 국가의 명에 의해 전쟁을 비롯한 조직적인 폭력의 행사에 대비해서 필요한 인적, 물적 자원을 관리, 조직, 교육, 훈련시키고 유사시에는 그것을 가장 효율적으로 발휘하는 일을 담당하고 있는 전문 집단이다.

라. 임무 수행을 위한 기본 덕목

임무수행은 군인으로서 수행해야 할 가장 기본적인 책무이다. 이를 위해 다음과 같은 기본적인 요건들이 충족되어야 한다.

첫째로 전문성이 구비되어야 한다. 해당 직책을 수행할 수 있는 전문지식과 부하 및 예하 부대에 대한 지도 능력을 보유할 때, 비로소 자신감을 가지고 업무수행이 가능하다. 따라서 초급간부는 전문성 향상을 위해 부단히 군사 서적을 탐독하고 이를 행동으로 옮겨 체험하며, 그 결과에 대해 자신 스스로 환류해 보고자 하는 정신자세를 가지고 노력해 야다.

둘째, 상·하 공감이 형성된 군사지식과 전술관을 공유하고 있어야 한다. 해당 제대에 대한 전술적 운용능력을 보유하고 상급 제대 지휘관의 전술관을 이해할 때 상·하 간의 의도와 행동에 대한 예측이 가능하고 통신두절 등의 급박한 독

33) 군사학연구(2015), 『전쟁론』, 368쪽

단의 상황에서도 이심전심(以心傳心)의 통합된 노력으로 임무 완수가 가능하다. 따라서 초급간부는 지휘주목하고 전술적인 교리연구 교범과 유사시를 대비한 전투수행능력을 구비하도록 노력해야 한다.

셋째, 상사와 부하 간에 원활한 의사소통이 있어야 한다. 상 · 하 간에 공통적인 사안에 대해서 서로 의견을 교환하고 자유롭게 개진할 수 있는 분위기 조성이 필요하다. 따라서 부하의 의견을 존중하고 자신의 의사를 명확하게 밝히는 등 개방적 형태의 조직 문화 창달에 노력해야 한다.

넷째, 상 · 하 간 상호 신뢰가 조성되어야 한다. 상 · 하 간 상호 인격을 존중할 때 지휘관에 대한 존경과 부하에 대한 믿음이 형성되며, 부대 응집력과 단결을 도모함으로써 임무 수행의 시너지 효과가 발휘된다.

따라서 초급간부는 임무 수행 간 자신을 단순히 명령 수령자로만 보아서는 안되며, 자신의 목표 전체를 달성하는데 중요한 일원으로서 공동책임을 지고 있음을 명심해야 한다.

다섯째, 올바른 권한 행사와 철저한 책임 의식을 견지해야 한다. 이는 간부 개개인에게 부여된 권한의 범위를 숙지하고 권한 범위 내에서 행동하며 임무수행 결과에 대해 책임지려는 의식을 의미한다.

따라서 초급간부는 지휘관의 의도와 부여받은 임무를 기초로 창의적으로 업무를 수행해야 하며 그 결과에 대해서도 확고한 책임 의식을 지녀야 한다.

마. 군인의 직업윤리

직업윤리는 법률적, 경제저 의무를 넘어서 사회적 규범이나 가치, 사회적 기대와 조화를 이룰 수 있는 윤리이다. 직업윤리는 개인과 조직, 사회 제도들 간의 상호의존성을 인식하고 이를 도덕적, 경제적 가치의 틀 내에서 행동에 옮기는 것을 강조하는 윤리이다.

여기서 직업윤리는 크게 두 가지로 나눌 수 있다. 하나는 직업 일반의 윤리, 즉 어떠한 직업에서도 요구되는 행동규범인 것이고, 다른 하나는 특정한 직종이 사회의 역할 분담의 차원에서 가져야 할 윤리이다.

이러한 차원에서 군 조직의 특수성으로 인해서 군은 그 어느 조직보다도 한 차원 높은 확고한 직업 윤리의식이 요구된다. 왜냐하면 '현대의 군 조직에서 장교, 부사관은 전문 집단이고, 그 개인 하나하나가 일종의 전문 직업인'이라는 전제 하에서 군대 윤리가 성립되기 때문이다.[34]

바. 초급 간부의 임무 수행

리더십 연구가 Robert E. Kelly는 그의 저서 『팔로워십과 리더십』에서 리더십이 치명적인 해악이 될 수 있다는 전제하에 리더가 조직의 성공에 기여하는 것은 고작해야 20%도 안 되며, 그 나머지 80%는 팔로워의 기여이며, 아무리 직함이나 급여가 대단한 사람일지라도 리더로 일하는 기간보다 팔로워로 보내는 시간이 더 많다고 하였다.

우리 육군의 지휘통솔 교범에 제시한 군 리더십의 정의를 살펴보면 '지휘관이 자기에게 부여된 책임과 권한을 바탕으로 부대의 목표를 보다 효율적으로 달성하기 위하여 예하 부대 및 부하의 능력을 극대화하도록 부하를 감화시키는 노력이라고 정의하고 있다.

사실 군 리더십은 리더와 부하들 간의 상호 밀접한 관계 속에서 이루어지고 있다. 특히 리더의 리더십도 중요하지만 부하들의 팔로워십 또한 군 임무 수행면에서 매우 큰 영향력을 발휘하는 요소로 볼 수 있다.

왜냐하면 Robert Kelly의 연구 결과에서도 팔로워의 기여가 80%를 차지하고 있다는 것은 지휘관이 리더의 위치에서 리더로서 '어떻게 리더십을 발휘할 것인가?'의 측면 못지않게 어떻게 부하로서 임무수행에 대해 '어떻게 팔로워십을 발휘하게 할 것인가?'의 측면도 고려해 보아야 할 사항이기 때문이다.

임무수행 간 하급자의 역할

- □ 지휘관의 의도 이해, 상황인식
- □ 자신의 능력과 제한사항 인식
- □ 자원 / 수단 지원 요청
- □ 창의적인 임무수행 방법 구체화
- □ 임무브리핑 정례화
- □ 위험 요소 식별, 사고 예방 대책 강구
- □ 상황변화에 따른 임무수행 방법의 조정 / 시행

진정한 리더는 어려운 사람과 성실한 사람들을 보호해 주고 동기부여 할 수 있는 포용력이 필요하며 그들로부터 생활의 지혜를 배우고 전파하는 것도 중요하다.

– 교양인을 위한 리더십

34) 이재평 외(2008), 『직업군인론』, 122쪽

⁂ **수시평가(과제평가) 8차 :** 작성 후 절취선을 따라 분리 제출하시오.

❒ 군인은 임무수행이 기본적인 책무이다. 초급간부로서 임무수행의 바람직한 모습을 생각해보고 발표하세요.

1. 초급간부로서 임무수행의 바람직한 모습

2. 군 문화와 의식구조

가. 군대 문화

(1) 군대 문화의 정의

원래 문화(culture)라는 말은 라틴어 cultura에서 파생된 말로 경작, 재배의 의미였는데, 차츰 교양, 예술 등의 의미를 띠게 되었다. Tylor는 문화를 '지식, 신앙, 예술, 도덕, 법률 등 인간이 사회구성원으로서 획득한 능력 또는 습관의 총체'라고 정의하였다.

따라서 문화란 인류가 만든 지식, 신념, 관습, 제도 그리고 언어적 표현 양식까지도 망라한 총체적 개념이다. 사회과학에서 문명(civilization)의 개념이 물질적인 요소에 비중을 둔다면 문화는 정신적인 요소에 비중을 둔 개념이다.[35)]

위 개념을 통해서 이해한다면 군대 문화는 '군대 사회에서 공식·비공식적으로 전승되고 현존하는 이념이나 가치관을 의미하며, 이에 따라 파생되는 행동규범, 조직 구조, 지휘통솔 유형, 상징체계, 병영생활 양식 등의 총화'로 볼 수 있다.

따라서 군대 문화는 그 특성상 군대의 구성원들로 하여금 군 조직이나 단위부대가 공유하는 특이한 이념이나 신념을 지니게 하여 운동 문화, 음주 문화, 놀이 문화, 식사 문화 등 다양한 문화들이 체계적으로 구성된다.

(2) 군대 문화의 개념

군대 문화는 모든 군인을 위한 행동, 규율, 협동, 충성, 헌신 등의 공동의 가치 기준이 포함된다. 군 조직의 특수성을 고려할 때 군대 문화는 일반 사회와 다른 독특한 생활양식을 만들고 장병의 활동을 지속시키며, 새로 충원되는 구성원에게도 계속 이어지게 하는 영속성을 지닌다.

이러한 군대 문화는 두 가지의 개념으로서 생각해 볼 수 있다. 하나는 집단 전체의 가치와 태도로 구성되는 광의의 집단적인 문화의 개념이며, 다른 하나는 각 구성원이 지닌 협의의 개인적인 문화의 개념이다. 다시 말해, 집단적인 문화는 군대 전체의 일반적인 모습과 분위기를 말하며, 개인적인 문화는 각 구성원이 갖는 가치관과 신념 체계, 사고방식 및 태도 등을 의미한다고 할 수 있다.

따라서 군대 문화는 군 조직의 구성원이 군 조직의 전통과 생활을 통해 학습되고 형성되어 함께 공유하는 신념의 체계로, 조직 구성원의 시고와 행동에 작

35) 심윤기(2015), 『군 상담학의 이해와 적용』, 21쪽

용하고 표출되는 제반 생활양식을 포함하는 개념이다.

(3) 군대 문화의 특징

군대 문화는 일반 사회문화와 다른 특징을 지니고 있다. 군대 문화는 구성원에게 조직의 일체감을 조성하고 집단행동을 이끌게 하며, 자신보다 더 큰 시스템인 조직에 집단적인 몰입을 촉진시킬 뿐만 아니라 조직 구성원들의 안정성을 증진시키는 도구로 작용한다.

일반 문화와 군대 문화의 특징 비교

일반 문화	군대 문화
개인주의	집단주의
평등주의	권위주의
개방주의	폐쇄주의
실용주의	명예주의
다양주의	획일주의

위 표는 군대 문화의 특징을 쉽게 이해할 수 있도록 일반 문화와 군대 문화의 특징과 비교해서 제시하였다. 따라서 군에 입대하는 장병은 군대 문화를 새롭게 접하면서 군 조직 구성원으로서의 일체감과 집단 응집력 등 특정한 문화를 접하게 된다.

나. 구성원의 의식구조

(1) 신세대 의식구조

최근 급속한 사회 환경 변화를 겪으면서 자라난 신세대들은 기성세대와는 다른 나름대로의 독특한 가치관과 의식구조를 형성하고 군에 입대하고 있다. 이러한 사회 현상은 기존의 군 지휘통솔 방식과는 다른 획기적인 변화를 요구한다.

무엇보다도 신세대 장병은 우수한 정보처리 능력, 자아실현 및 강한 도전정신, 다양성과 창의성 등의 장점이 있다. 또한 신세대 의식구조는 미래지향적이고 자유분방하며 자유로운 개인 의사 표명과 자기중심적 자아의식을 소유한 긍정적 측면이 작용하고 있다.

반면에 신세대는 자기중심적 가치관, 자유분방한 생활, 동질의식 및 소속감 결여 등의 소극적, 부정적 특성을 보이고 있다. 또한 자기중심적이고 자유분방한 의식 성향으로 공동체 의식과 더불어 질서를 중요시하는 군 생활 적응에 다소의 어려움이 있을 수 있다.

여기서 말하는 신세대라는 용어의 사용은 1920년대 미국에서 시작되었다. 당시 제1차 세계대전에서 복귀한 미국의 젊은이들이 기성세대와는 다른 문화방식과 가치관을 형성하고 생활하는 것이 기성세대의 눈에 특이하게 보여 붙여진 것으로 그 시대의 문화를 주도했다.

이와 유사한 우리의 신세대 구분은 다음과 같다. 1970년대 전후에 태어나 소비성향과 자유분방한 가치관을 가지고 있는 세대를 x세대, 1980년대에 태어나 전자 영상매체에 익숙한 세대를 n세대, 2002년 월드컵 개최 전·후의 젊은이들을 p세대라고 호칭하고 있다.

이들의 사고방식 및 행동 양식은 다음의 표에서 보는 바와 같이 자기중심주의적이며 합리적이다. 또한 현실주의를 표방하고 있으며 이념에는 관심이 없다. 인간관계에 있어서도 수직적이기 보다는 수평적 가치관과 다양한 문화와 현상을 선호하는 다원주의 경향을 보이고 있다.

신세대의 사고 / 행동 방식

구분	주요 내용
자기중심주의	• '우리'라는 소속감, 집단보다 '나' 우선 • 자기에 대한 강한 자부심, 자기에게 충실
합리주의	• 정에 의한 인간관계 퇴조 • 원인과 이유를 따지기 좋아하며, 무조건 하라는 식에 대한 강한 거부감 표시
현실주의	• 명예, 보수, 안정성보다는 자기만족을 중시 • 현실적 이해타산과 득실에 민감
탈 이데올로기	• 북한의 변질로 북한에 대한 강한 동포애를 느끼며, 북한 주민과 정권에 대한 가치기준 모호 • 이념과 사상에 대하여 무관심, 문화지향적 사고로 대치
수평적 가치관	• 민주화 교육 결과 수평적 인간관계를 수직적 인간관계에 우선하여 생각하며 일방적 결정에 비순종적 • 권위주의에 대한 거부감 표시
다원주의	• 획일적 전체적 가치를 거부하며 자유분방 • 제도적 관습을 거부하고 자기식 합리주의에 입각하여 판단

출처 : 국방부, 「정신전력연구지」, 34 쪽, 2011

(2) 신세대 장병의 특징

첫째 개인주의적이다. 경제적 풍요 속에 핵가족으로 자라왔기 때문에 자신만을 소중하게 여기며 자신이 하고 싶은 것을 우선시한다.

둘째, 실리주의적이다. 명분보다 이해관계를 중시하고, 자기만족과 자기계발을 추구하며, 하고 싶은 것이 있으면 남의 눈치를 보지 않고 행동한다.

셋째, 감성주의적이다. 책을 읽거나 생각하는 시간보다 인터넷, 영상 뮤직 등을 보는 시간이 많은 세대이다. 특히 웹페이지나 채팅에서 지나칠 정도로 자신들을 노출하고 표현하기도 한다.

넷째, 쾌락주의적이다. 힘든 일을 배제하고 여가를 더 많이 가지려 하며 인생을 즐기면서 살아가려고 한다.

다섯째, 탈권위주의적이다. 일방적이거나 무조건적인 복종은 거부한다.

여섯째 새로운 소비문화를 즐기고 자신의 취향에 따라 열정적으로 사회봉사활동에 참여하여, 성숙한 사회를 만드는데 기여하기도 한다.

일곱째, 즉시적이다. 과거나 미래에 대한 관심이 별로 없이 지금 이 순간에만 관심을 가지는 즉시성이 특징이다. 또한 공동관심사에 대해서 휴대전화나 이메일 등에 즉각적으로 반응한다.

여덟째, 새로움을 시도한다. 관습과 전통에서 벗어나 새로운 것을 시도한다.

마지막으로 독립을 추구한다. 단체생활에 거부감을 가지고 있으며 타인의 통제나 간섭을 싫어하는 특성을 지니고 있다.

(3) 신세대 장병의 성향과 군 생활

이러한 신세대 장병들의 특징을 국가관, 군인관, 지휘통솔 측면에서 살펴본다면 국가나 군 조직 입장보다는 개인 입장을 중시하고, 군인으로서의 사생관 정립보다는 자기주장이 강하며, 지휘통솔 유형은 권력형과 민주형의 절충형을 선호하고 있으며, 개인이 부대 활동 방향 설정에 직접 참여하려는 성향이 강하다.

또한 신세대의 특성은 자신들의 군 생활에 큰 영향을 미친다. 이는 군대 문화와 리더십에 대한 새로운 접근이 모색되어야 함을 제시해준다. 따라서 초급간부들은 부대를 지휘함에 있어 과거의 강압적인 지시형 리더십보다는 민주형, 참여형 등의 리더십을 적용하여 부하들을 이해시키고 자발적으로 따라올 수 있도록 유도해야 한다. 리더는 매사 솔선수범하고 부하에게 미리 알려줌으로써 부하들로 하여금 요구하는 방향으로 자발적으로 참여하도록 유도해야 한다.

신세대 특성이 군 생활에 미치는 영향

구 분	긍정적인 면	부정적인 면
행동성향	• 강한 자부심 • 창조적이고 진취적 • 합리성 추구	• 개인주의, 이기주의 • 평등의식, 질서, 규범의식 부족 • 물질적 가치 추구, 체력, 인내력, 정신력 미약
軍 영향	• 군 생활에 대한 자부심 • 강한 성취욕 • 활달, 분명한 자기 의사 표현 • 동기 유발시 참여의식 고조	• 빈번한 일탈 현상 • 공동체 의식 미약 • 위계질서에 대한 거부의식 • 정신적, 체력 열세로 복무 부적응

(4) 기성 간부들의 의식구조와 성향

반면 신세대 장병들과 대비를 이루는 군의 기성 간부들의 의식구조는 신세대 장병들과는 대조를 이룬다. 이 점은 초급 간부들도 신세대에 포함되는 만큼 군 문화에 조화를 이루는 데 있어 주목할 필요가 있다.

군 문화에 오랜 경험을 지니고 있는 간부들은 국가에 충성하며 상명하복의 정신에 충일하다. 또 개인보다도 조직을 위하여 헌신하려 한며, 항상 부하들의 일거수일투족을 확인하며 교육하고 이끌어 가려 한다.

다. 군인으로서 가치 덕목 군인정신

군인정신은 군인들이 기본적으로 갖추어야 할 올바른 가치관 내지 규범이다. 군인정신은 군대를 유지하고, 계승발전 시켜나가는 중요한 정신적 요소다. '한 나라의 군대가 얼마나 잘 유지되느냐?'하는 것은 그 나라 군인들의 정신자세가 '얼마나 잘 갖추어져 있느냐?'에 따라 결정된다고 해도 과언이 아니다.

한국군은 창군 이후 장병들의 군인정신 고양을 위해 많은 노력을 경주해 왔다. 그러나 이러한 노력은 '해야 한다.'는 당위적 요청에 비해서 상대적으로 '무엇을 교육해야 하느냐'에 대한 현실적인 자기반성이 부족했다고 평가해 볼 수 있다. 이러한 문제는 근원적으로 대체 '군인정신이란 무엇인가?'의 정의 내림의 과정에서 비롯된다.

군인복무규율 제4조 3항에 명시된 "군인정신은 전쟁의 승패를 좌우하는 필수적인 요소이다. 그러므로 군인은 명예를 존중하고, 두철한 충성심, 진정한 용기, 필승의 신념, 임전무퇴의 기상과 죽음을 무릅 쓰고 책임을 완수하는 숭고한 애국애족의 정신을 굳게 지녀야 한다."라고 되어 있다. 이러한 대표적인 군인정신은 이순신 장군의 "살고자 하면 죽을 것이요, 죽고자 하면 살 것이다(生卽必死死卽必生)."라는 명언이다.

(1) 국가관 : 애국심

군인은 명확한 국가관을 지녀야 한다. 왜냐하면 국가가 없이는 군대가 없기 때문이며, 나아가서 군인으로서의 자신의 존재 근거를 찾을 수 없기 때문이다. 따라서 군인에게는 국가에 대한 강한 애착이 필요하다. 바로 애국심이다.

군인이 국가를 사랑하는 것은 자신의 존재 근거를 확보받기 위한 데 있다. 결국 군인에게 애국심은 '자기애의 출발점이요, 귀결점이다.'라고 할 수 있다.

(2) 군대관 : 명령에 대한 복종심

군대는 군인의 집단이다. 따라서 군인은 자신의 존재를 더욱 명확히 해주는 군대에 대한 올바른 가치관을 지녀야 한다. 군대 조직은 명령과 복종으로 작동된다. 따라서 명령권자는 정당한 명령을 명확하게 하달해야 하고, 수명자는 긍정적으로 호응하는 복종심이 필요하며, 이것이 군대를 유지하는 근간이 된다.

(3) 군인관 : 확고한 사생관

모든 인간은 태어나서 반드시 죽는다. 그러나 군인의 죽음은 일반인의 그것과는 매우 다르다. 군인은 일반 민간인과 달리 그 사명인 국토방위를 완수하기 위해서 죽음을 무릅써야 하는 것이니 언제나 죽음과 더불어 살고 있는 것이다. 그러므로 확고한 사생관은 군 생활의 기본 철학이 되어야 한다.

즉 군인은 국민의 생명과 재산을 보호하기 위해 순직하거나 전사하는 경우가 많다. 군인은 항상 '군인으로서 무엇을 어떻게 할 것인가?' 라는 물음에 항상 답할 준비가 되어 있어야 한다.

가장 믿을 만한 용기란 직면한 위험을 올바르게 인식하는 것이다. 언제 어디서 군인에게 위험이 닥쳐올 줄 모른다.

— H. Meville

※ **수시평가(과제평가) 9차 :** 작성 후 절취선을 따라 분리 제출하시오.

❐ **해군 특수전 전단 고(故) 한주호 준위의 사례를 읽고 숭고한 군인정신에 대해서 생각해 보세요.**

2010년 3월 26일 북한의 어뢰 공격으로 인해 천안함이 침몰하고 46명의 승조원이 실종되자 고(故) 한주호 준위가 동료들을 구조하기 위해 나섰다. 당시 잠수 요원으로서는 노령인 만 52세라는 나이는 주변에서 만류하였으나 그는 숙련도가 낮은 청년대원이 더 위험할 수 있다고 말하며 솔선수범하여 구조작업에 참여했다.

당시 높은 파도와 낮은 수온의 서해, 인간의 한계를 넘어선 깊은 수심까지 겹친 극한의 환경 속에서도 한주호 준위의 잠수 수색은 쉼 없이 계속되었다. 그러나 3월 30일 구조작업 도중 실신하여 작전 해역 내 미 해군 구조함으로 후송하여 응급조치를 하였으나 끝내 소생하지 못했다.

순직 후 국가에서는 한주호 준위에게 충무무공훈장을 추서하였으며, 장례를 해군장으로 거행하여 4월 3일 국립현충원에 안장하였다. 그 후 2011년 3월 30일에는 진해에 업적을 기리는 동상이 세워졌고, 초등학교 6학년 도덕 교과서에 '책임을 다한 숭고한 삶'이라는 내용으로 수록되기도 했다.

❐ **고(故) 한주호 준위의 군인정신에 대해서 요약하여 발표하세요.**

3. 군 환경의 변화

가. 군 인적 구조 및 환경 이해

(1) 군 인적 구조

군 인적 구조는 협의의 의미로는 전투 및 비전투 요원을 구성하는 상비 인력을 의미한다. 또한 넓은 의미로는 동원령 선포 시 동원되어 전투 인력이 되는 예비 인력까지를 포함한다.

신분상으로는 군 조직의 두뇌 역할을 담당하는 장교와 군 조직의 허리 역할을 담당하는 부사관 그리고 인체의 수족과 같은 역할을 수행하는 병사의 3계층 신분으로 구분된다. 이러한 군 인적 구조에서 신분상으로 장교, 부사관을 포함하는 간부 비율보다 병사들이 차지하는 비율이 훨씬 높아 군 구성 인력의 약 70%를 점유하고 있다. 여기에 비전투 요원인 군무원(근무원)과 다문화 장병의 비중이 점차 높아지고 있다.

(2) 군 환경

군 환경은 사회의 발전 추세에 따라 변화하기도 하고 역으로 사회의 패러다임을 바꾸기도 한다. 우리 사회가 고도의 경제성장을 하면서 정보·지식 사회로 진입하자 군도 이에 발맞추어 빠르게 변화해 가고 있다. 군에서 운용하는 무기체계는 정밀무기체계가 주류를 이루고 있고, 이를 운용하는 환경도 디지털화되고 있다. 고도의 첨단 무기를 다루는 기술 집약군으로 변모하고 있다.

장병들은 군대 조직에서 전투수행이라는 절대적인 목표 달성을 위하여 전장상황을 고려한 교육훈련이 강조되는 등 일반 사회의 환경과 상당이 이격된 여건 속에서 외부 생활과 차단된 채, 다양한 사회적 신분을 가진 성원이 오로지 계급에 의한 새로운 위계질서 속에서 24시간 함께 생활한다. 생활 공간은 개인에게 허용된 면적도 협소하거니와 모두가 획일적인 관물 진열로 생활관 분위기는 단조로우며, 개인적인 비밀보장도 어려워 비교적 안정감을 찾기 어렵다.

또한 군 생활은 엄격한 조직과 규율이 요구되며 명령 복종에 대한 절대성과 단체원으로서의 행동이 요구된다. 이는 일반 사회의 환경적인 분위기와는 크나큰 차이가 있어, 입대 전의 가치관이나 개인행동에 익숙해 온 병사들로서는 자유롭지 못하며 구속감을 느낀다.

뿐만 아니라 군 복무 과정에서 개인적 욕구가 최대한 억제되며 군에서의 교육과 훈련의 내용이 각 개인의 발전에 무관한 것으로 판단됨으로써 군대 생활을 자기 발전의 공백 기간으로 여기기도 한다.

그런데 우리 장병들의 의식은 다소 상반된 면일지는 모르지만 자유분방하고 자유로운 의사 표명, 자기중심적 자아의식의 소유, 세계화, 정보화 세대로서 빠른 두뇌와 창의력을 보유하고 있는 세대 미래지향적인 진취적인 의식을 지니고 있다.

나. 군 병영문화 변천

군 환경은 사회 환경의 지배를 받는다. 따라서 군 병영문화는 국군 창설 이후 시대의 변천에 따라 지속적으로 변화해 왔고, 그때그때마다 선진 병영문화를 정착시키기 위해서 많은 노력을 경주하였다. 비교적 최근인 1980년대부터 군 문화의 변천사를 살펴본다.[36)]

1980년대의 병영은 많은 부정적인 요소를 지지고 있었다. 이 시기는 군 창설 이후에서 현대의 병영문화로 전환되는 시기로 과도기적 형태의 병영문화가 팽배했다. 병영 내에서는 욕설과 폭언이 난무하는 등 군 조직의 특성에서 파생되는 사고 유발요인이 현저하게 잔존하고 있었다.

1980년대 군 내 사망자 수는 한 해 평균 692명이나 발생했다(국방부, 2006). 그럼에도 불구하고 군은 이러한 현상을 그다지 심각하게 받아들이지 않았는데, 이는 군에서의 사망사고는 당연히 발생할 수 있다는 구시대적인 인식과 풍조 때문이었다고 볼 수 있다. 아울러 잘못된 병영을 혁신하기 위해 그 당시에도 노력을 기울이기는 하였지만, 이름만 바뀐 유사한 대책들이라서 큰 효과를 발휘하지는 못했다.

군은 1990년대 들어 선진 병영문화라는 용어를 사용하게 되었다. 그 이유는 00사단 무장탈영 사건(1993년), 00사단 사격장 총기 난사사건(1994년), 00포병대대 수류탄 사고(1998년), 00사단 GOP 총기 사고(1998년) 등 대형 악성 사고가 끊임없이 발생한 것이 영향을 미쳤기 때문이다.

이때부터 군 사망사고를 줄이기 위한 각종 예방 대책들이 쏟아져 나오게 되면서 병영문화의 개념도 동시에 변화되기 시작하였다.

대표적인 대책으로는 1997년도에 만들어진 군사고 예방 규정과 1998년도에 제정된 병영생활 규정이다. 또한 1994년에는 장병을 상대로 한국군 인성검사제도인 KMPI(표준인성검사)가 시행되었다.

36) 심윤기(2015), 상게서, 27-29쪽

종합적인 측면에서 볼 때, 이때 추진한 대책은 단편적인 사고 예방과 후속 조치에만 치중되었고, 사고 발생의 근본 원인을 식별하는 데 필요한 병영 저변의 실상 파악은 미흡한 수준이었다고 말할 수 있다.

2000년에 발표된 '신 병영문화 창달 추진 계획'은 이러한 인식의 결과라고 할 수 있다. 군은 2003년에 '병영생활 행동강령'과 '사고 예방 종합대책'을 내놓으며 병영문화 개선과 군 기강 확립을 동시에 달성하고자 하였다. 하지만 이러한 군의 노력은 2005년 발생한 육군훈련소 인분 사건과 00사단 GP 총기 난사 사건으로 또다시 시련을 맞게 된다.

2005년도 이전의 병영문화혁신 노력은 전담부서 하나 제대로 갖추어지지 않은 상태이다 보니 사업의 지속성을 유지하기가 힘든 상황이었다.

따라서 군은 광범위하고 종합적인 대책이 필요하다는 인식 하에 2005년 '선진 병영문화 비전'을 내걸게 되었으며, 이것은 군이 장병에게 인권의 개념을 처음으로 수용한 출발점이기도 하였다. 그 이후에도 군은 선진병영문화 육성에 심혈을 기울이고 있다.

다. 전쟁 양상의 변화[37)]

전쟁의 시작은 최초 원시시대부터 시작되었다. 원시인들이 만든 손도끼, 창, 활 등의 무기는 보편적인 생존의 무기였으며, 무기 기술의 진보는 전술의 발전과 결합되었고, 이는 진정한 의미의 전쟁이 시작되었음을 시사한다.

국가라는 개념의 등장과 더불어 지배계급과 피지배계급의 탄생을 시점으로 군인이라는 특수한 계층이 나타나게 되었다. 즉 강력한 철제무기를 소유한 국가는 그렇지 못한 국가를 상대로 정복 전쟁을 벌여 하나로 통합하였다. 통합과정에서 광대한 영토를 유지하기 위한 관료 조직과 군대의 필요성이 제기된 것이다.

B.C. 1200년경 본격적인 철기시대로 접어들면서 대규모 인원이 동원된 장거리 원정이라든가 국가 전체를 대상으로 하는 정복 전쟁이 본격화되었다. 세계 전쟁사에서 볼 때 고대 전쟁은 군대의 형태를 갖춘 보병의 밀집된 방진대형이 상호 격돌하는 형태로 진행되었다.

그러나 서기 378년 오늘날의 터키 북서쪽 아드리아노플에서 인류 전쟁사에 큰 획을 긋는 전투가 벌어지게 된다. 동로마 제국 발렌스 황제가 지휘하는 보병 위주의 로마군이 기마병 위주의 고트족에게 패하게 된 것이다. 고트족이 로마군을

37) 육군교육사령부(2016), 『국가와 안보』, 제7장 군사학의 이해(전쟁이란) 재정리

이긴 비결은 바로 기병의 활용에 있었다.

이후 인류는 보병 위주의 전쟁보다 말을 이용하여 전쟁을 하는 것이 기동력 면에서 효율적임을 알게 되었다. 이후 말의 대량 사육과 더불어 기병 중심의 기동전이 전개되었다.

중세는 기사와 용병의 시대로 대표된다. 이 시대에는 무기, 전술, 군 조직 면에서 괄목할 만한 발전은 없었으나, 화약의 출현은 전쟁 양상의 근본적 변화를 가져왔다. 이것은 봉건주의 시대의 종식과 더불어 전투수행방법의 대혁명을 열게 되었다.

17세기에 접어들면서 창이 총으로 교체되고 기병의 활동은 점차 사라졌다. 대신 포병이 야전에서 크게 활약하게 되었다. 근대 전쟁사 측면에서 가장 획기적인 변화는 두 가지 혁명에 있다. 바로 프랑스 혁명과 산업혁명이었다. 프랑스 혁명은 전쟁양상을 지금까지의 금전적 대가를 받는 용병 중심에서 자발적으로 모집된 국민군 중심의 총력전으로 변모시켰다. 국민은 이제 왕을 위해서가 아니라 자신이 스스로 자신의 나라를 지키게 된 것이다.

영국에서 시작된 산업혁명은 19세기 전반에 유럽 각국에 제국주의와 민족주의의 바람을 일으켰다. 이 시기에는 유럽 열강들은 산업혁명을 통한 고도의 경제성장을 이루고 그 영향으로 무기체계가 급속도로 발전하는 계기를 만들었다. 산업 기술의 발전으로 인해 현대전의 단초가 제공되었다.

현대전의 시작은 통상적으로 세계 제1차 대전으로 보며, 전쟁의 규모, 성격, 목적 등은 또 다른 복잡한 양상을 띤다. 또한 제1차 세계대전은 땅과 바다 외에 공중에서도 싸우기 시작한 최초의 전쟁이다. 비행선과 항공기가 처음에는 정찰의 임무를 하였으나 점차 부대, 철도, 요충지 등을 폭격하는데 사용되었다.

제1차 세계대전이 종료되고 독일은 새로운 군제 개편, 군사사상 및 전술 교리 발전 등 비밀리에 재군비를 추진하였다. 히틀러가 등장한 후 독일은 자국 내의 경제적 어려움을 타개하기 위해 단계적인 전쟁 준비를 하게 된다. 히틀러는 신속한 기동력과 타격력(전격전)으로 프랑스 등을 다시 석권하게 된다.

또한 현대전은 또 다른 전쟁의 양상을 보여 주었다. 걸프전쟁과 이라크 전쟁은 전쟁수행방식 측면에서 최첨단 무기체계로 무장한 미국 중심의 연합군이 재래식 무기로 무장한 일방적인 승리라고 할 수 있다.

이렇듯 현대전은 과학기술의 발달과 정보화 추세, 그리고 다양한 국제적 이해관계, 주변국 상황 및 자국 내의 환경 등을 고려해 또 다른 전쟁 양상으로 전개될 것이다.

그렇다면 미래의 전쟁 양상이 어떻게 변화될 것인가?라는 논의에 대해 아래와 같이 설명하고자 한다.

첫째, 첨단기술을 사용하여 단기간에 결판이 나는 우주·사이버전이다. 즉 기술이 중심을 이루며 핵심은 우주 영역을 이용한 기계 대 기계의 전쟁이라는 것이다. 과학기술이 동원된 전쟁 즉, 센서와 네트워크 체계의 발달로 광범위한 전장을 감시, 정찰 및 관리를 할 수 있고, 보다 원거리에 위치한 표적을 타격할 수 있으며, 요망하는 군사 표적, 특히 전략적·작전적 중심을 정밀하게 식별하여 타격 및 파괴할 수 있다는 것이다.

둘째, '정보·지식'이 중심이 되는 최첨단 무기체계들이 대량 개발되어 실전에 사용될 것이다. 특히 로봇 기술의 발달로 원격 전쟁 양상으로 전개될 것으로 예상한다. 이러한 정보·지식 사회에서는 산업 사회와는 달리 탈 대량화, 탈 이데올로기화, 다원화, 분권화, 세계화 등의 현상이 표출할 것이다.

셋째, 4세대 전쟁으로 알려진 네트워크 전이다. 4세대 전쟁의 일반적인 특징은 적의 군대를 패배시킴으로써 승리를 추구하기보다는 적 정책결정자들의 의지·심리를 공격하여 굴복시키는 전쟁이다.

즉 테러 집단, 초국가적 범죄조직, 반정부 저항단체 등이 초국가·초영역의 네트워크를 사용하여 몇 달, 몇 년이 아니라 수십 년이 소요되는 장기간의 전쟁으로 전시와 평시, 군인과 민간, 전방과 후방 구분이 모호한 것이 특징이다.

미래 전쟁의 양상은 최첨단 과학기술로 발달로 인해 모든 전투력 운용은 동시·통합화될 것이며, 기동장비의 자주화와 공중기동으로 인한 작전 템포의 고속화가 예상되며, 정밀유도 무기의 개발과 화력장비의 성능개선은 전투력 보존을 위한 전투력의 광역화 및 소산화가 요구될 것이다.

이와 같은 미래의 전쟁 양상은 전투력 운용의 모든 분야에서 속도를 요구하고 있고 모든 부대들이 동시에 작전을 수행하는 실시간 작전 수행 기회가 증가하게 된다는 것이다. 그리고 최첨단 과학기술의 발달은 모든 전장 상황을 모두 통제할 수 있는 시스템으로 변화될 것으로 보인다.

따라서 상황변화에 따른 적응성을 확보하기 위해서 하급 제대 지휘관들은 적시적인 상황판단 결과를 토대로 자유롭고 독창적인 착상을 통해 기민하게 대응하여야 한다. 즉 전쟁 양상의 변화는 위임, 자율, 창의적인 지휘가 요구되어 지는 새로운 지휘개념을 필요로 하고 있다.

Alvin Toffler는 사회발전의 시기별로 전쟁을 분류하여 설명하고 있다. 그는 『전쟁과 반전쟁』 에서 사회발전을 농경 시대, 산업 시대, 정보 시대로 구분하고 전쟁의 양상도 이러한 사회발전의 형태와 함께 변화해왔다고 주장한다.

농경 시대의 전쟁은 농번기를 패해 주로 겨울철에 의해 수행되었으며, 군인들은 전쟁을 위해 일시적으로 소집되었다. 무기는 표준화되지 않아서 농기구 등을 사용하였고, 군인들은 주로 수행하는 전쟁방식은 백병전이었다.

산업혁명과 근대 국가의 발전은 산업화 시대 전쟁방식을 발전시켰다. 산업화 시대의 전쟁은 징집제도에 의해 소집된 대규모 군대가 대량생산 방식으로 제작된 표준화된 무기를 사용하는 방식으로 대량의 파괴를 수반했다. 산업화 대표적 전쟁이론인 '총력전'은 사회 전체를 하나의 전쟁기구로 전환시켜 전쟁을 수행하는 대량 파괴 방식이었다.[38)]

지금의 시기는 정보 시대이다. 앞으로의 전쟁은 위에서 언급한 우주·사이버·지식·정보화의 특징들이 통합된 4세대 전쟁이 전개될 것이다.

우리는 전투에는 졌지만 전쟁에는 지지 않았다.

– Charles De Gaulle

38) 군사학연구회(2015), 『전쟁론』, 도서출판사, 234-235쪽

※ **수시평가(과제평가) 10차 :** 작성 후 절취선을 따라 분리 제출하시오.

❐ '전쟁 양상의 변화' 본문을 읽고 고대 중세 현대의 리더십 주안에 대해 발표하세요.

제4절 군 리더십 계발

구분	학습 목표	평 가
1	• 군 리더와 군 리더십에 대해서 설명할 수 있다.	• 세부 단원 종료 후 수시평가 • 전 단원 종료 후 단원평가
2	• 군 리더의 역할에 대해서 설명할 수 있다.	
3	• 군 리더에게 요구되는 자질에 대해서 설명할 수 있다.	
4	• 군 리더의 능력에 대해서 설명할 수 있다.	
5	• 군 리더십의 원칙에 대해서 설명할 수 있다.	
6	• 군 리더십 수준을 설명할 수 있다.	

1. 군 리더십

가. 지휘통솔

군에서 소부대를 지휘할 때 '지휘통솔(指揮統率)'이라는 용어를 많이 사용한다. 이때 지휘통솔은 마치 한 단어처럼 쓰이지만 지휘와 통솔이라는 단일명사가 합해져서 만들어진 복합명사이다. 육군의 『지휘통솔』[39]교범은 '지휘'와 '통솔'의 개념을 다음과 같이 기술하고 있다.

"지휘란 지휘권에 입각하여 부대를 이끌어 가는 일체의 행위로서, 임무완수를 위하여 부대의 활동을 계획, 지시, 협조하는 기능이다. 지휘권이란 예하 부대에 합법적으로 행사하는 권한을 말한다. 넓은 의미에서의 지휘는 … 결심수립, … 관리, … 통솔을 포함한다. 또한 통솔이란 개인의 인격 또는 능력에 의해 구성원에게 직·간접적으로 영향력을 미쳐, 자발적이며 적극적으로 임무를 완수하게 하는 과정이다."

위 기술에서 볼 수 있듯이 지휘와 통솔은 개념에서 분명한 차이가 있다. 지휘란 지휘권에 입각해서 부대를 이끌어가는 일체의 행위로서, 임무완수를 위하여 부대의 활동을 계획, 지시, 협조하는 기능이다. 반면 통솔은 개인적인 인격과 능력으로 부대를 이끌어 나가는 행위인 것이다.

지휘와 통솔은 조직의 목표를 달성하고자 하는 측면에서는 동일하나, 수단적 측면에서는 차이가 있다. 지휘와 통솔을 구분하는 기준으로 설정할 수 있는 것은 지휘의 수단인 지휘권으로 '예하 부대에 합법적으로 행사하는 권한이 있는가? 없는가?'의 차이라 할 수 있다. 지휘는 지휘권, 통솔은 개인의 인격 또는 능력을 활용한다.

지금까지 기술로 '지휘권에 입각하여'라는 표현은 곧 '권한이 있다'는 의미이며, 통솔의 수단인 '개인적 인격 또는 능력'이라는 표현은 곧 '권한이 없다.'는 것을 추론할 수 있다. 즉 '지휘'와 '통솔'의 본질적인 차이는 '권한의 유무'인 것이다.[40] 따라서 '권한'이라는 용어로 이해되는 지휘권은 지휘와 통솔의 실체를 구분하고 나아가 지휘통솔의 정의를 정립할 수 있는 핵심 열쇠가 된다.

권한은 직위에 주어진 정당성이 승인된 것으로 그 속성은 권력과 유사하다. 권력은 '사람을 움직이고 재화를 재분배할 수 있는 의사 결정권을 지닌 힘'이라 할 수 있다. 군에서 의사 결정권이 주어진 직위의 권한에는 인사권, 예산권, 포

39) 육군본부(2004), 『지휘통솔야전교범』, 1-4 ~ 1-5쪽

40) 이승재(2014), 『육군리더십 발전을 위한 지휘동솔의 재고찰』, 3~5쪽

상 및 징계권 등 행정적인 것뿐만 아니라 사격 개시와 같은 군사적인 행위도 포함된다.

지휘통솔이라 함은 지휘자가 부대의 목표 달성을 위하여 부여된 책임과 권한에 따라 조직의 구성원을 합리적으로 자기가 의도하는 방향으로 이끌어가는 모든 실천 행위를 말한다. 즉, 지휘자가 부대원들을 어떻게 지휘하고 통솔하느냐에 따라 그 조직이 잘 운영되고 잘못 운영되느냐가 결정될 뿐만 아니라 그 조직의 성패가 좌우되기 때문에 조직원을 지휘하는 지휘자의 태도와 기술은 무엇보다 중요하다.

따라서 부대원들이 지휘자를 신뢰하고 존경하며 부대 목표를 위해 최선을 다하기 위해서는 지휘자는 권한만을 내세울 것이 아니라 부대원들을 정확히 이해하고 합리적으로 통솔하여 부대원들 스스로가 책임을 인식하고 공동 목표 달성에 적극적으로 참여할 수 있도록 여건을 조성하여야 한다.

이를 위해 지휘자는 먼저 지휘통솔의 올바른 이해와 자신의 자기 계발에 노력하여야 하며, 또한 지휘통솔 원칙을 실제 상황에 적용함으로써 조직의 공동목표를 달성하는데 다가갈 수 있는 것이다.

지휘통솔의 최종 목표는 임무 완수로써 지휘통솔자의 모든 관심과 역량은 이에 집중되어야 한다. 지휘통솔자는 부대를 지휘통솔함에 있어서 계급과 직책에 따른 권한의 행사와 일의 능률을 추구하는 관리적 성향만으로는 성공적인 임무 완수를 기대할 수 없다.

효과적인 지휘통솔은 솔선수범과 부하들을 감동, 감화시켜 스스로 부여받은 임무에 전력투구할 수 있도록 함으로써 임무를 완수하는 것이다. 그러므로 지휘통솔의 근본은 '부대 임무 완수를 위해 전시, 평시에 무엇이 부하로 하여금 지휘관, 지휘자를 중심으로 일사불란하게 움직이고, 능동적이고 성실한 자세로 근무에 임하게 할 수 있느냐?'는 것이다.

이와 같이 지휘통솔자는 자신이 의도하는 방향으로 부하들의 행동을 유도하여 부여된 임무, 상황의 변화, 자신의 개성, 그리고 부하의 개인적 차이점 등을 고려하여 스스로 통솔을 받으려는 마음이 우러나오도록 하는 일종의 정신적인 작용을 통해 이루어질 수 있도록 해야 한다.

의사소통이란 2명 이상의 사람 사이에 있어서 지식, 정보, 의견, 신념, 감정 등을 교환함으로써 공통적인 이해를 갖게 하고, 나아가서는 의식이나 태도 그리고 행동 등에 변화를 일으키는 과정을 말한다. 의사소통은 지휘통솔의 핵심 요소로 '원활한 의사소통이 잘 이루어지느냐? 그렇지 못하느냐?'가 지휘통솔의 효과를 좌우하게 된다.

따라서 지휘통솔자는 명령 하달만으로 만족해서는 안 되며, 하달된 내용을 부하들에게 충분히 이해시킴으로써 동기를 유발시켜야 한다. 또한 부하들은 자신에게 말하고 있는 바를 올바르게 경청하고 정확하게 이해하도록 노력해야 한다.[41]

또한 지휘통솔자는 신체적으로나 인격, 능력, 지적 수준 등 모든 면에서 부하보다 우월하거나 우세한 것이 효과적이다. 특히 부하들보다 업무능력이 떨어지고 자신감이 없다면 지휘통솔에 상당한 타격을 입게 된다. 이를 극복하기 위해 끊임없는 자기 계발과 노력 그리고 카리스마적 권위와 위엄을 겸비하고 길러야 한다.

나. 지휘통솔의 구성요소

지휘통솔은 일반적인 리더십과 동일하게 지휘통솔자와 지휘통솔의 대상인 부하 그리고 지휘통솔자와 부하 간 임무 수행 시 영향을 미치는 상황으로 구성된다.[42] 즉, 지휘통솔은 지휘통솔자, 구성원(부하), 상황 이 3가지로 구성된다.

지휘통솔자는 지휘통솔을 수행하는 일차적인 책임자이며 주체이다. 지휘통솔자는 자기에게 부여된 권한과 책임을 바탕으로 부하에게 영향력을 발휘하여 그 조직체를 이끌어 나가는 역할을 맡은 자로서, 모든 지휘관 및 지휘자와 부서별 책임자인 참모, 또는 임무와 관련된 모든 상급자 등이 포함된다.

집단은 구성원 개개인이 모여서 이루어진다. 비록 전체 조직 속에서 개인이 차지하는 비중은 작을 수 있으나 이러한 개인들이 서로 조화되어 지휘통솔 효과에 영향을 미치기 때문에 모든 구성원들은 자신이 조직의 일부분이라는 소속감과 자기 자신이 수행해야 할 역할의 중요성을 깨달아야 한다. 즉, 조직의 효과적인 지휘통솔을 위해서는 조직적 측면과 장병 개인적 측면에서의 관계를 정확히 파악하여 부대 목표를 설정하고 부하를 통솔하여야 한다.

상황은 임무수행에 영향을 주는 제 요소를 의미한다. 지휘통솔자는 전시와 평시를 막론하고 주어진 상황에 따라 지휘해야 하며 그 상황은 다양하고 유동적이다. 상황 변동에 따른 문제점을 계속적으로 분석 평가하여 이에 적합한 지휘통솔 기법을 발휘하여야 한다. 지휘통솔의 성패는 지휘통솔자의 행동에 의존한다기보다는 상황과의 적합성 여부에 따라 결정됨을 알아야 한다.

41) 권훈(2007), 『신세대 장병을 위한 리더십 및 지휘통솔 방안에 관한 연구』, 20~21쪽
42) 육군본부(2014), 『지휘통솔』, 1-9쪽

다. 군 리더와 리더십

(1) 군 리더

일반적으로 리더란 어떤 조직이나 단체 등에서 목표의 달성이나 방향에 따라 이끌어 가는 중심적인 위치에 있는 사람을 말하며 군 리더는 다음과 같이 설명할 수 있다.

리더십 발휘의 주체인 군 리더는 '부여된 권한과 책임을 바탕으로 조직을 이끌어가는 자'이다. 이는 편제상 명시된 부대장 및 부서장 또는 필요시 임무 수행을 위해 편성된 조직의 장을 의미한다.

군 리더가 수행하는 역할은 제대별, 계급별, 직책별로 다르지만 공통적으로는 유사시 국가 안위를 위해 전투를 수행하고 이를 위해 평상시부터 부대를 훈련시키고 정책을 수립하며 임무완수를 위해 조직을 효율적으로 관리해 나가는 것이다.

육군의 리더십이 궁극적으로 지향하는 바는 군의 사명과 목표를 달성하기 위해 군의 모든 리더들이 '위국헌신(爲國獻身)의 리더'가 되는 것이다. 이는 앞서 언급한 리더의 역할을 훌륭히 수행할 때 비로써 가능하다. 리더는 제반 요건을 갖추고 이를 바탕으로 부대를 화합, 단결시켜 전투력을 발휘할 수 있는 리더십을 발휘해야 한다.

(2) 군 리더십

일반적으로 리더십이란 집단의 목표나 조직의 유지를 위하여 구성원이 자발적으로 집단활동에 참여하여 이를 달성하도록 유도하는 능력을 말한다. 이에 비해 군 리더십이란 '리더가 임무완수를 위해 구성원들에게 동기를 부여함으로써 영향을 미치는 과정'이다.

리더십 발휘의 목적은 단순히 구성원들을 관리하는 것이 아니라 부대의 임무를 완수하는 것이다. 임무는 육군 목표로부터 편제상 임무, 명시된 임무, 상급부대로부터 부여되는 추가 임무, 추정되는 과업 등 다양하다. 리더는 이러한 임무들을 효과적으로 완수할 수 있도록 상황에 맞는 리더십을 발휘해야 한다.

리더는 기본적으로 구성원을 존중해야 하지만 전투시나 실전적인 훈련 상황에서는 엄격한 군 기강을 유지해야 한다. 리더를 따랐을 때 좋은 성과를 내고 임무를 완수할 수 있다는 확신이 들면 구성원들은 진심으로 리더를 신뢰하고 따를 것이다.

리더십을 발휘하는 대상은 부대의 구성원들이다. 가장 중요한 구성원은 우선적으로 자신의 부하이며 자신의 직속상관은 물론 인접 부대의 동료나 상, 하급자에게도 리더십을 발휘해야 한다.

리더가 원하는 방향으로 부대를 이끌기 위해서는 구성원들의 마음을 움직일 수 있도록 동기를 부여해야 한다. 계급과 직책에 의해 리더에게 주어진 권한만 앞세워 강제적으로 지휘한다면 평시에는 따르는 모습을 보일지 모르나 상황에 따라 그렇지 않을 수도 있다. 강제는 억압은 시키나 순종은 불가하기 때문이다.

구성원들에게 동기를 부여하기 위해서는 칭찬, 포상, 휴가 등 보상도 해야 하지만 질책, 얼차려, 징계 등 적법한 범위 내에서 처벌도 필요하다. 이외에도 인간의 욕구, 감정, 신념 등에 영향을 주는 동기부여도 함께 이루어져야 한다.

라. 군 리더와 지휘통솔

군 리더(소부대)는 부대 목표를 달성하기 위한 지휘통솔의 과정에서 리더십을 발휘하게 되는데 리더는 지휘관에 비해 권한이 상대적으로 적은 편이다. 또한 부하들과 대면하여 직접 지휘를 한다.

따라서 소부대일수록 또는 초급 간부일수록 지휘통솔의 기법 중 통솔의 기법을 적용하여 권한보다는 인간적 차원의 통솔이라는 차원에서 지휘를 하는 것이 더욱 효과적이다.

전투는 육체적 피로와 고통의 영역이다. 만약 지휘관이 이러한 전투의 특성에 압도되지 않으려면 그는 선천적이든 후천적이든 육체적, 정신적 강인성을 갖고 있지 않으면 안 된다.

– Carlvon Clausewitz

⁂ **수시평가(과제평가) 11차 :** 작성 후 절취선을 따라 분리 제출하시오.

❐ **장병들의 마음을 얻은 대대장의 조치를 읽어 보세요.**

1951년 6월, 도솔산 전투에서 우리 대대가 승리할 수 있었던 것은 장병들의 마음을 얻었기 때문이다. 전투 내내 나는 부하들과 같은 것을 먹고 먹을 것이 없으면 함께 굶었다. 같은 잠자리에서 자고 같은 옷을 입었으며 행군 때도 차를 타지 않고 같이 걸었다. 발이 아파서 군화를 벗고 맨발로 걸은 적도 있었다. 전투를 할 때는 임전무퇴를 좌우명으로 삼아 "내가 여기 있다. 절대로 물러서지 마라!"고 목이 터져라 외쳤다.

❐ **대대장은 무엇으로 장병들의 마음을 얻었는지 발표해 보세요.**

2. 군 리더의 역할

가. 조직 속의 역할

(1) 전투 지휘자

군 조직의 구성원은 간부나 병사들 모두 기본적으로 전투원이다. 간부는 전투에서의 승리할 수 있도록 이 조직을 지휘한다.

전투에서 승리하기 위해서는 무엇보다도 지휘관과 지휘자 등의 리더 역할이 중요하다. 특히 군 리더는 전투전문가로서 맡은 바 임무와 역할에서 최고의 전투전문가다운 면모를 보여야 한다. 따라서 군 리더는 항상 임무를 수행할 수 있는 준비가 되어 있어야 하며, 부하들이 믿고 따를 수 있는 전투전문가 되어야 한다.

(2) 조직 관리자

군의 모든 구성원은 신분과 계급에 따라 직책을 부여받고 임무를 수행하며 그에 따른 책임, 의무, 권한을 갖는다. 이를 기반으로 간부들은 직책에 따라 조직을 관리한다.

조직 관리를 위해 리더들은 첫째, 조직의 노력 통합과 가용자산의 효율적 운용 둘째, 올바른 조직 목표와 방향 제시를 위한 건전하고 적시적인 의사결정 셋째, 구성원의 다양성 통합 넷째, 조직 외부의 환경변화에 대한 빠른 인식으로 조직이 이에 적응해 나갈 수 있도록 선도하는 것 등을 수행한다.

이와 같이 군 간부들은 병력관리와 교육훈련 그리고 자원관리 등을 통해 부대의 전투력을 창출해 나가는 조직 관리자이다.

(3) 교육자(리더 계발자)

군 간부는 리더에게 요구되는 자질과 능력, 행동 역량을 겸비한 강한 리더가 되기 위해서 스스로 전문성과 능력을 향상시키고, 자신의 역량을 지속적으로 확장시켜야 나가야 한다. 동시에 군 간부는 부대원들의 능력 계발과 성장을 유도하고 부하들에 대한 교육훈련을 진행해 나가야 한다.

즉, 리더는 자신의 리더 계발자임과 동시에 부대원들의 자질과 전투 능력을 향상시키기 위한 교육자인 것이다.

(4) 국민을 위한 봉사자

군은 국민의 군대로서 국민의 생명과 재산을 보호함은 물론 국민의 편익을 증진하고 국가의 번영과 안정을 기하기 위해 존재한다. 군 간부는 군의 사명을 마음속에 숙지하고 이 방향에서 임무를 수행하여야 한다.

또 리더는 스스로가 국민을 위한 봉사자의 역할 수행뿐만 아니라 구성원이 임무 수행을 잘 할 수 있도록 지도해야 한다.

(5) 군사 외교관

사회 각 분야에 대한 세계화와 국제적인 위상 향상의 영향으로 군의 임무 수행 범위가 세계적인 영역으로 확대되고 있다. 따라서 리더는 세계 시민의식을 바탕으로 인류 공영의 가치 구현에 기여하겠다는 태도를 갖추고 실천해야 한다.

대한민국 군은 국제위상에 걸맞게 평화유지군이나 다국적군의 일환으로 세계 도처의 분쟁이나 재난지역에 파병되어 다양한 임무를 수행하고 있다. 따라서 국가를 대변하는 외교관으로서의 역할도 병행한다. 국제 환경에 대한 폭넓은 이해와 국제신사로서의 매너 등을 습득해야 한다.

나. 다양한 관계 속에서의 위치

(1) 1차적 관계 : 군 조직의 일원

군의 구성원은 기본적으로 자신이 소속된 부대나 부서, 기관 등에서 상관, 부하, 동료의 관계를 이루고 직접적인 접촉과 상호작용을 통해 유지되는 팀의 일원으로 존재한다. 따라서 리더는 모든 구성원이 상호 간이 영향력을 발휘하고 상호작용이 가능하도록 팀워크를 구축해야 한다.

(2) 2차적 관계 : 팀의 일원

개인의 역량을 결집시킨 각 팀은 독립된 조직이 아닌 팀과 팀 간의 유기적 관계를 통해 상호 영향력을 주고받는다.

군 조직은 상급 및 예하 부대, 인접 및 군 관련 유관 기관과도 다양한 관계를 형성한다. 따라서 리더는 군 조직의 일원으로서 공동체 의식을 가져야 한다.

(3) 3차적 관계 : 국가 공동체의 일원

군 조직은 단독으로 존재하는 것이 아니라 국가라는 더 큰 조직 속에서 여러 단체 등과의 다양한 관계를 통해 고유한 역할을 수행한다.

따라서 리더는 올바른 국가관과 건전한 시민의식을 바탕으로 군 외부 환경에 대응하면서 관련 요소들과 효과적으로 상호작용하여 부여된 임무 완수는 물론, 국가발전에 기여해야 한다.

(4) 4차적 관계 : 지구 공동체의 일원

오늘날은 지구촌 전체가 네트워크화 되어 가까워지고 있고 국가 간의 협력과 교류가 더 요구되고 있으며 군의 임무도 점점 더 글로벌화 되어가고 있다.

따라서 리더는 세계시민의식과 인류애를 견지하고 세계를 하나의 공동체로 인식하며 국가의 이익뿐만 아니라 세계의 평화 유지와 인류 공영에 기여할 수 있어야 한다.

나는 군인이다. 군인의 운명은 마지막 전쟁의 마지막 전투에서 마지막 총탄을 맞고 죽는 것이다.

– George Smith Patton

⁂ **수시평가(과제평가) 12차 :** 작성 후 절취선을 따라 분리 제출하시오.

❒ 파월 한국군 사령관 채명신 장군의 전략을 읽어보세요.

베트남전은 정치적인 관점에서 접근해야 한다고 생각했다. 그래서 착안한 것이 '백 명의 베트콩을 놓치는 한이 있어도 한 명의 주민을 보호하라'는 전략이었다. 주민들의 신뢰를 얻어 우리 편으로 만든다면 베트콩은 저절로 분리되기 마련이라고 믿었다.

그래서 작전 중에도 주민에게 의료봉사를 하고 공병부대로 하여금 마을 정비를 해 주었다. 그러자 주민들은 국군이 가는 곳마다 스스로 첩보원이 되어 베트콩에 대한 정보를 제공하는 등 전투 보조원의 역할을 해 주었다.

❒ 위 내용을 읽고 군 리더의 역할에 대해서 발표하세요.

3. 군 리더의 요구되는 자질[43)]

자질이란 타고난 성품이나 어떤 분야에 대한 능력으로써 리더가 필수적으로 갖추어야 할 조건을 말한다. 리더의 자질은 리더십의 원천으로 리더의 사고와 행동의 기준이 되고 리더십 발휘에 결정적 영향을 미친다.

리더가 필요한 자질을 갖추면 요구되는 역할과 책임을 성공적으로 수행할 수 있다. 또한 구성원에게 신뢰를 주어 자발적으로 따르게 함으로써 궁극적으로 주어진 임무를 완수할 수 있다.

군 리더가 갖추어야 할 세 가지 기본자질은 올바른 품성과 투철한 군인정신, 탁월한 군사전문능력으로 축약해 볼 수 있다. 군 리더의 세 가지 기본자질 중 어느 한 가지라도 부족해도 임무 수행에 제한을 받을 수 있다. 예를 들어 품성이 뛰어나고 군인정신이 투철해도 군사전문능력이 부족하면 리더로서 역할 수행에 제한을 받는다. 따라서 모든 군 리더는 이러한 자질을 균형 있게 갖추기 위해 지속적으로 노력해야 한다.

가. 올바른 품성

품성이란 사람의 됨됨이로써 군 리더가 기본적으로 갖추어야 할 특성을 말한다. 품성은 리더가 어떤 사람인가를 가늠하게 하는 척도로써 구성원에게 영향력을 발휘하는 중요한 요소로 작용한다.

리더로서 올바른 품성을 갖추고 행동해야 구성원들이 믿고 따르고 싶은 마음을 불러일으킨다. 리더에게 필요한 품성에는 많은 요소가 있지만 군 리더는 공통적으로 도덕성, 헌신, 존중, 주도성, 침착성을 갖추어야 한다.

(1) 도덕성

도덕성이란 사람으로서 마땅히 지켜야 할 도리이다. 도덕성은 올바른 것을 선택하고 행동하게 하는 내면의 힘이다. 공사를 분명히 구분하고 올바른 일을 행하며 사사롭게 불의한 일을 행하지 않는 자세는 도덕성으로부터 나온다.

도덕성을 갖춘 리더는 사리분별이 명확하고 공평무사하게 일을 처리하며 자신감 있고 당당하게 임무를 수행하여 구성원이 진정으로 믿고 따르게 된다. 도덕성을 갖추기 위해서는 준법정신, 정직, 공정, 청렴이 요구된다.

43) 육군본부(2011), 『군 리더십』, 2-2 ~ 2-14쪽

(가) 준법정신

준법정신이란 법을 지키고자 하는 마음이며 기강을 세우는 바탕이다. 준법정신이 부족하여 제반 법규에 명시된 내용을 소홀히 다룰 경우 정당한 명령이나 지시에 따르지 않게 된다.

리더와 구성원 모두가 준법정신이 있어야 부대의 질서가 유지되고 엄정한 군기가 확립된다. 준법정신을 함양하기 위해서는 먼저 법규의 당위성을 인정하고 내용을 정확히 알아야 하며 어떤 상황에서도 지키고자 하는 마음을 굳건히 한다.

(나) 정직

정직이란 거짓이나 허식이 없이 마음이 바르고 곧은 것이다. 정직은 상호신뢰를 형성하는 기본적인 요소이다. 불리한 상황에서도 솔직하고 책임감 있는 모습을 보일 때 구성원은 리더를 신뢰하게 된다.

명령이나 지시, 보고 및 통보 등이 왜곡되면 임무가 정상적으로 수행될 수 없다. 정직은 자신을 속이지 않는 것에서부터 출발한다. 항상 양심에 부끄럽지 않도록 행동하고 판단하는 것이 중요하다.

(다) 공정

공정이란 어느 한쪽에 치우침이 없이 공평하고 정대함을 말한다. 공정은 합리적인 생각과 행동을 하게 해준다. 리더가 매사 공정하게 처리하면 구성원들은 불평불만을 가지지 않고 순응하게 된다.

공정하기 위해서는 공과 사를 분명히 하고 객관적이고 명확한 기준을 설정하여 일관성 있게 적용해야 한다. 사사로운 정에 이끌려 판단기준이 흔들리거나 예외를 인정해서는 안 된다.

(라) 청렴

청렴이란 마음이 고결하고 재물에 욕심이 없는 것을 말한다. 청렴은 리더를 위엄 있고 당당하게 만든다. 깨끗하지 못하면 구성원의 신뢰를 얻을 수가 없다.

사리사욕이 없어야 불의나 부정과 타협하지 않고 정도를 지켜나 갈 수 있으며 오직 부대를 위해 혼신의 노력을 기울일 수 있다. 청렴하기 위해서는 군인으로서 확고한 직업관, 근검절약, 건전하고 분수에 맞는 생활 태도가 요구된다.

(2) 헌신

헌신이란 자신의 이해관계를 떠나 몸과 마음을 다하는 것을 말한다. 헌신은 힘들고 위험한 상황에서도 자신의 안위를 돌보지 않고 임무를 수행할 수 있게 하는 원동력이다. 본연의 임무수행은 물론 자신의 도움을 필요로 하는 일이 생길 때마다 주저함 없이 나설 수 있는 행동은 헌신으로부터 나온다.

부대와 부하를 위해 헌신할 때 리더로서 진정한 권위와 영향력을 얻을 수 있다. 헌신의 자질을 갖추기 위해서는 희생과 열정이 요구된다.

(가) 희생

희생이란 어떤 목적을 이루기 위하여 자신의 생명, 재산, 이익 등을 돌보지 않고 바치는 것으로 자기 것을 포기하는 동시에 다른 사람을 위해 베푸는 것을 의미한다. 리더가 희생정신이 강하면 임무, 부대, 부하 등 모든 것을 책임지겠다는 의식이 높아지고 생명이 위험한 상황에서도 앞장 설 수 있게 되어 불가능해 보이는 임무도 완수할 수 있게 해준다.

그러면 부하들 역시 자기를 돌보지 않고 임무수행에 최선을 다하게 된다. 희생을 실천하는 리더가 되기 위해서는 자신이 수행하는 임무에 대한 자부심, 대의를 위해 작은 것을 바칠 수 있는 마음을 갖는 것이 중요하다.

(나) 열정

열정이란 부여된 임무를 완수하기 위해 자신의 혼을 다하는 것이다. 열정은 최고의 에너지루써 끈질기게 문제를 해결하고자 하는 의지와 더불어 목표를 달성하고 말겠다는 신념을 유발시킨다.

불필요한 잡념이나 감정이 끼어들지 못하고 몰입하게 하여 임무수행의 효과를 극대화 시킨다. 열정을 갖기 위해서는 자신이 하고 있는 일에 대한 가치를 찾아 최고의 의미를 부여할 줄 알아야 한다.

(3) 존중

존중이란 타인을 소중하게 생각하고 정성스럽게 대하는 것이다. 사람은 누구나 존중받을 권리가 있다. 존중은 구성원이 자신을 가치 있는 존재로 느끼게 하여 자발적이고 창의적으로 잠재 능력을 발휘하게 한다.

리더는 부대원 개인의 가치를 찾아 그것을 인정해 주고 그 가치를 증대시켜서 부대원이 부대를 위해 헌신 하도록 해야 한다. 이를 위해서는 구성원의 다양성을 이해하고 스스로 겸손하고 구성원들을 포용해야 한다.

(가) 다양성 이해

다양성 이해란 구성원 개개인의 다름을 알고 각자 가지고 있는 특성을 인정하는 것이다. 구성원들의 성격, 연령, 성별, 성장환경, 학력수준 등이 서로 다름을 알고 이해해야 한다.

리더가 부하의 성격이나 능력 등 그 차이를 인정하고 각자의 장점에 따라 적재적소에 운용할 때 잠재능력을 발휘하게 할 수 있다. 리더는 주관적인 선입관이나 편견을 버리고 개인적 특성을 인정하는 자세를 유지해야 한다.

(나) 겸손

겸손이란 자기 자신을 낮추고 타인을 높이는 것이다. 겸손은 모든 것을 수용하게 하는 힘이다. 겸손하지 못하면 다른 사람을 인정하지 않고 독선에 빠질 수 있다.

다른 사람의 말에 귀를 기울이고자 다가가며 반대 의견도 폭넓게 수용해야 구성원들의 다양한 능력을 활용할 수 있다. 겸손하기 위해서는 자신의 강점과 한계를 객관적인 시각으로 인식하고 다른 사람의 가치를 존중해 주려는 마음을 가져야 한다.

(다) 포용

포용이란 너그러운 마음으로 타인을 이해하고 감싸주는 것을 말한다. 포용은 사람을 끌어당기는 힘이다. 구성원의 단점, 잘못이나 실수를 용서하고 포용하게 되면 리더를 더욱 의지하고 따르려는 마음을 불러일으킬 수 있다.

리더는 구성원의 개인적 한계와 불완전함을 인정하고 인내할 수 있어야 한다. 포용심을 갖추기 위해서는 항상 다른 사람의 입장에서 생각하는 역지사지(易地思之)의 마음을 가져야 한다.

(4) 주도성

주도성이란 스스로 해야 할 일을 찾아 능동적으로 수행하고 부하를 이끌어가는 것을 말한다. 리더로서 책무를 다하기 위해서는 자신의 역할을 명확히 인식하여 책임감 있게 임무를 완수해야 한다.

주도성을 발휘하기 위해서는 군사적 전문성을 갖춘 상태에서 자신감을 갖고 어느 한 부분에 치우치지 않는 균형감각을 유지하면서 구성원의 적극적인 참여를 유도할 수 있는 설득력과 표현력을 함께 갖추어야 한다.

(가) 자신감

자신감이란 자신의 가치와 능력에 대하여 긍정적으로 믿는 마음이다. 자신감은 적극적으로 행동할 수 있게 해주는 힘이다. 리더의 자신감 넘치는 모습은 구성원의 걱정과 의구심을 감소시켜 어떠한 일이든 해낼 수 있다는 의욕을 불러일으킨다.

리더는 자신의 판단과 행동, 결과에 대한 확신을 가져야 한다. 자신감을 갖기 위해서는 군사 전문 지식을 포함한 직무 수행 능력, 성취욕, 건강, 체력 등이 요구된다.

(나) 균형감각

균형감각이란 어느 한쪽으로 기울거나 치우치지 않고 고른 것이다. 균형감각은 중심을 잡아주는 힘이다. 생각과 감정의 균형을 유지해야 올바른 판단과 행동을 할 수 있다.

위급한 상황에서도 경중완급(輕重緩急)을 고려하여 우선순위를 판단하고 현행 작전과 장차 작전, 부대의 임무와 구성원의 복지 등 제반 문제를 균형되게 판단하고 조치할 수 있게 해준다. 균형감각을 갖추기 위해서는 제반 상황을 고려하여 판단할 수 있는 종합적 사고능력이 필요하다.

(다) 설득력

설득력이란 구성원이 잘 알아듣게 말하여 납득시키는 능력을 말한다. 설득은 구성원의 생각을 바꾸게 만드는 힘이다. 공감대가 형성되지 않은 상태에서 일을 추진하면 갈등과 마찰을 일으켜 효율성을 기대하기 어렵다.

리더는 자신과 다른 생각이나 견해에 대해서 논리적으로 이해시켜 원하는 방향으로 변화시킬 수 있어야 한다. 설득력을 갖추기 위해서는 관련되는 정보 수집과 상대방의 욕구 파악 능력, 합리성, 논리성, 호소력 등이 요구된다.

(라) 표현력

표현력이란 자신의 의도를 정확하게 전달할 수 있는 능력을 말한다. 애매모호한 표현은 구성원을 혼란스럽게 하고 오해를 불러일으킬 수 있다.

리더는 전달하고자 하는 내용을 정확하게 표현하는 것은 물론, 본질적인 의미까지 이해할 수 있도록 억양, 표정, 몸짓 등을 활용해야 한다. 표현력을 갖추기 위해서는 핵심 내용 정리, 몸동작 등의 활용 능력 등을 길러야 한다.

(5) 침착성

침착성이란 어떠한 일에도 당황하지 않는 차분한 마음을 말한다. 리더는 아무리 위급하고 불리한 상황에서도 냉정함을 잃지 않고 이성적으로 판단하고 행동하여 상황을 극복해 나갈 수 있어야 한다. 리더가 자신의 감정을 제어하지 못하고 당황하게 되면 판단 능력이 떨어지게 되며 구성원들을 불안하게 만들어 임무 수행을 어렵게 한다. 침착성을 유지하기 위해서는 자기 통제력과 인내력을 갖추어야 한다.

(가) 자기 통제력

자기 통제력이란 자신의 감정과 행동을 스스로 제어할 수 있는 힘을 말한다. 위기 상황에서 리더의 절제되고 의연한 태도는 구성원에게 경외심을 갖게 하고 심리적인 안정감을 주어 흔들림 없이 임무를 수행하게 해준다. 자기 통제력을 강화하기 위해서는 불안이나 두려움 등을 스스로 극복하고 겉으로 드러내서는 안되며 위험을 두려워하지 않는 용기, 책임감, 확고한 신념 등이 요구된다.

(나) 인내력

인내력이란 정신적·육체적 괴로움이나 어려움 등을 참고 견뎌내는 것이다. 인내는 자신의 한계를 극복하게 하는 힘이다. 절망스러운 상황에서도 끝까지 포기하지 않고 헤쳐 나가려는 의지가 있으면 상황을 호전시킬 수 있다.

인내력을 갖추기 위해서는 고통을 회피하려 하지 말고 자신의 한계를 극복하려고 노력해야 한다. 인내력은 힘들고 도전적인 과업 수행을 하면서 향상되며, 명확한 목적 의식과 더불어 자기 회복 능력 등이 요구된다.

나. 투철한 군인정신

군인정신이란 군인으로서 가져야 할 확고한 마음가짐을 말한다. 임무 수행 환경이 주는 불확실성, 위험, 육체적 피로와 고통 등 각종 제한 사항을 극복하면서 임무를 완수하기 위해서는 군인정신은 필수적인 요소이다.

군인정신을 함양하기 위해서는 명예, 충성, 용기, 필승의 신념, 임전무퇴의 기상, 애국애족의 정신 등을 갖추어야 한다.

(1) 명예

명예란 뛰어나고 훌륭하다고 일컬어지는 자랑스러운 평판을 말한다. 명예는 자신을 바로 세우는 정신이다. 명예심을 견지해야 의로운 마음이 생겨 자신을 깨끗이 하고, 책임을 완수할 수 있으며, 승리에 대한 강한 의지를 갖게 되어 투지를 불러일으킬 수 있다.

리더는 자신의 양심에 따라 명예롭게 행동해야 한다. 명예심을 함양하기 위해서는 자신의 정체성에 대한 긍지, 사명 의식, 정의롭게 행동하려는 마음을 항상 가져야 한다.

(2) 충성

충성이란 국가와 국민, 상관에 대하여 희생과 봉사 정신으로 정성을 다하는 것이다. 충성심은 군인으로서 사명을 완수하기 위해 마음과 힘을 다하게 하는 정신이다. 충성심은 국가와 국민을 위해 희생과 봉사를 한다는 대의명분, 상관의 명령을 이행하여 임무를 완수하겠다는 소명 의식을 갖게 하여 헌신적으로 행동하게 한다.

충성심을 함양하기 위해서는 확고한 국가관, 상관에 대한 올바른 인식을 토대로 매사 정성을 다하는 자세를 가져야 한다.

(3) 용기

용기란 자제력과 분별력을 가지고 정의감에 따라 자신의 신념대로 행동하는 것을 말한다. 용기는 불의를 용납하지 않으며, 위험에 처한 전우를 외면하지 않고, 생명의 위험 속에서도 책임을 완수하게 한다. 용기 있는 행동은 부하에게도 전의되어 불리한 전세를 뒤집을 수 있는 힘으로 작용한다.

용기를 함양하기 위해서는 두려운 마음을 억누르는 정신적 강인함, 옳다고 믿는 것에 대한 확고한 신념, 강인한 체력 등이 요구된다.

(4) 필승

필승의 신념이란 어떤 일이 있어도 이길 수 있다는 굳은 믿음을 말한다. 승리에 대한 리더의 강한 신념은 구성원의 사기를 높이고 잠재 능력을 발휘하게 한다.

승리에 대한 확신은 적을 두려워하지 않는 용기를 주며, 악조건을 참고 견딜 수 있는 힘을 주어 승리를 쟁취하게 한다. 필승의 신념을 갖추기 위해서는 정의감, 자신감, 반드시 이기겠다는 집념이 요구된다.

(5) 임전무퇴의 기상

임전무퇴(臨戰無退)란 전투에 임하여 물러서지 않는 것을 말한다. 임전무퇴의 기상은 자기희생을 각오하고 전투에 임하게 만들어 합리적인 계산이나 논리로는 결코 이룰 수 없는 큰 힘을 발휘하게 한다.

피 · 아 의지의 대결인 전장에서는 죽기를 각오하고 싸워야 승리가 가능하다. 임전무퇴의 기상을 갖추기 위해서는 뚜렷한 사생관, 용기, 필승의 신념, 강인한 체력 등이 요구된다.

(6) 애국애족의 정신

군은 국민의 군대이므로 애국애족의 정신은 군인이 지향해야 할 중요한 덕목이다. 임무 수행을 이유로 국민에게 피해나 불편을 주어서는 안 된다. 국민의 생명과 재산을 소중히 생각해야 하며, 전통적인 가치와 정서까지도 존중해 주는 마음을 가져야 국민의 신뢰와 지지를 얻을 수 있다.

다. 군사 전문 능력

군사 전문 능력이란 군사와 관련된 임무를 수행하기 위해 필요한 전문화된 지식과 기술을 말한다. 군사 전문 능력은 리더가 군사 업무를 수행하기 위해 '어떤 능력을 갖추어야 하는가?'에 대한 것으로, 자신에게 부여된 임무를 완수하고 구성원과 부대를 이끌고 관리하는 필수불가결한 요소이다.

리더는 자신의 계급과 직책에 맞는 군사 지식, 전투 지휘 및 기술, 육체적 능력을 갖추고 상황에 맞게 적용할 수 있어야 한다.

(1) 군사 지식

군사 지식은 군인으로서 군사 업무를 수행하는데 필수적인 지식이다. 군사지식은 임무 수행 절차와 방법, 제반 원칙을 제공해 주고, 다양한 상황을 해결할 수 있는 능력을 제고시켜 줌으로써 전 · 평시 임무 수행을 가능하게 한다.

알지 못하면 지휘할 수 없다. 리더는 자신의 계급과 근무 제대에 맞는 군사 이론, 교리를 숙지하고, 해당 직책 수행에 필요한 직무 지식을 갖추어야 한다.

(가) 군사 교리 및 이론

군사 교리 및 이론은 전쟁 및 전투에서 승리하기 위해 전투력을 조직하고 운용하는 과학과 술(術)에 관한 지식이다. 교리는 전·평시 임무 수행에 필요한 과학적이고 전문적인 지침을 제공하여 상·하 전술관을 공유함으로써 일사분란하게 임무를 수행할 수 있게 한다.

군사 서적과 교범 탐독, 전술 토의, 전사 연구 등을 통해 군사 이론과 교리를 지속적으로 습득해야 한다.

(나) 직무 지식

직무 지식이란 직무를 수행하는데 필요한 지식을 말한다. 부여된 직무를 수행함에 있어 해당 분야에 대한 전문성을 갖추고, 업무를 잘 조직하며, 관련 자원을 효율적으로 활용하여 조직의 임무와 목표를 달성할 수 있어야 한다.

직무수행과 관련된 지식, 법과 규정, 방침 등을 정확히 이해하고 숙지해야 하며, 업무수행 요령이나 절차 등을 습득하고 숙달해야 한다.

(2) 전투 지휘 및 기술

전투 지휘 및 기술은 전장에서 승리하기 위해 전투력을 운용하고 다양한 상황을 극복하게 하는 능력이다. 리더는 군사 전문가로서 군사 지식에 정통하고 이를 전장에서 창의적으로 적용하여 전투 지휘를 함으로써 승리할 수 있다.

(가) 전투 지휘 능력

전투 지휘 능력이란 지휘관(자)이 전장에서 승리를 달성하기 위하여 전투력을 운용하는 능력이다. 전투력은 그것이 작용하는 시간과 공간에 따라 역학작용이 달라진다. 뿐만 아니라 전장기능과 구성원들의 노력을 어떻게 통합하고 운용하느냐에 따라 전투 수행의 결과는 달라진다.

따라서 지휘관(자)이 전투 지휘 능력을 갖추기 위해서는 시간·공간·전력의 전투 요소뿐만 아니라 전장기능 운용 능력 등에 대한 전문능력을 구비해야 한다.

지휘관(자)은 예하 부대의 작전 수행 상태를 파악하여 성공적으로 임무를 완수할 수 있도록 부단히 작전을 지도 및 감독하고, 전장 상황에 부합된 지휘기법을 적용해야 한다.

(나) 전투 기술

전투 기술은 다양한 전투상황에서 행동할 수 있는 전투 수행 방법이다. 리더는 신분이나 계급 병과나 직책을 막론하고 전투 임무를 수행할 수 있도록 기본적인 전투 행동을 숙달해야 한다.

자신의 병과나 해당 제대를 운용하는데 요구되는 전투기술이 어떤 상황에서도 반사적으로 행동화될 수 있도록 숙달해야 한다. 마찬가지로 구성원들에게도 전투기술을 숙달시켜 최상의 전투력이 발휘될 수 있도록 해야 한다.

(3) 육체적 능력

육체적 능력이란 임무를 수행하기 위해 필요한 건강과 체력을 말한다. 육체적 능력이 뒷받침되지 않으면 지속적인 임무 수행이 제한되고, 건전한 판단을 어렵게 한다. 리더는 항상 강인한 체력과 건강을 유지해야 한다.

(가) 전투 체력

전투 체력이란 전투 임무를 수행하기 위해 요구되는 신체적인 힘과 능력이다. 특히, 전장에서는 불안과 공포, 수면 부족, 잦은 행군 등으로 인해 극심한 육체적 피로와 고통을 겪게 된다.

강인한 체력은 건전한 판단과 결심을 할 수 있는 정신력의 기초가 된다. 평소부터 근력, 순발력, 지구력, 기민성 등 기초체력을 유지함은 물론, 극한 상황 극복을 위한 전투 체력을 갖추어야 한다.

(나) 건강

건강은 강인한 체력과 정신력을 유지시켜 주는 힘이다. 정신적 건강은 윤리적·도덕적 기준에 의해 건전하게 생각하고 판단할 수 있도록 해준다. 육체적 건강은 질병에 걸리지 않거나 회복된 상태로 신체적으로 장애가 있더라도 해당 직무를 수행하는 데 지장이 없는 상태를 말한다. 건강을 유지하기 위해 긍정적 사고, 정기적인 건강검진, 규칙적인 생활 습관 등을 갖추어야 한다.

장수란 명령을 받은 그 날부터 집을 잊고, 군영(軍營)에 이르러 군령(軍令)이 확정되면 친척들을 잊으며, 북을 치며 공격할 때에는 자신을 잊어야 한다.

– 司馬穰苴

⁂ **수시평가(과제평가) 13차 :** 작성 후 절취선을 따라 분리 제출하시오.

❒ 강재구 대위의 행동을 읽어 보세요.

1965년 어느 날 수도사단 제1연대 중대장인 강재구 대위는 월남파병을 앞두고 수류탄 투척 훈련을 하고 있었다. 한 병사가 실수로 수류탄을 놓쳤다. 떨어진 수류탄은 집결해 있던 중대원들 앞으로 굴러갔다.

강대위는 지체 없이 달려가 수류탄 위로 몸을 덮쳤다. 순간 요란한 폭음과 함께 강대위의 몸은 피투성이가 되었고 미처 손쓸 겨를도 없이 숨을 거두었다. 중대장 강대위의 희생으로 가까이 있던 수 명의 부하만 부상을 입었고 나머지 병사들은 안전하였다.

❒ 위 내용을 읽고 군 리더의 자질에 대해서 발표해 보세요.

4. 군 리더의 능력

리더의 능력이란 '리더는 무엇을 할 수 있어야 하는가?'에 대한 물음으로, 리더가 군사적 전문성을 바탕으로 자신에게 부여된 임무를 수행하며 구성원과 조직을 관리하는데 갖추어야 할 관련 지식이나 기술과 정서적 능력을 의미한다.

가. 지적인 능력

(1) 통찰력

통찰력은 사물이나 현상의 저 깊은 내면까지 꿰뚫어 보는 능력으로 어떤 상황에 직면했을 때 시행착오를 거치지 않고 문제를 해결해 나가는 능력이다. 감정에 의지한 단편적 느낌이 직관이라면 통찰력은 사물과 현상의 근본부터 보는 능력이라 할 수 있다.

통찰력은 이렇게 단편적인 관점에서 보는 것이 아니라 전체적인 관점에서 바라보는 것이다. 따라서 리더는 통찰력을 갖추고 있어야 실패 없이 조직에 대한 비전을 제시할 수 있다.

이러한 통찰력은 깊은 안목에서 우러나온다. 항상 대관소찰(大觀小察)하며 상급 지휘관의 입장에서 판단하려고 할 때 얻을 수 있다.

(2) 기민성

기민성은 상황에 맞게 신속히 판단하고 행동할 수 있도록 해주는 정신적, 신체적인 능력이다. 기민성이란 상황판단이 빠르고 동작이 날쌘 것을 의미하는데 상황이 급박할수록 요구되는 능력이다.

리더로서 기민성을 가지고 임무 수행에 임한다면 조직 관리나 목표를 보다 정확하고 빠르게 달성할 수 있을 것이다. 기민성은 고도로 숙달된 지적인 상태에서 발현되는 것으로 리더의 부단한 자기노력으로부터 얻을 수 있다.

(3) 판단력

판단력은 논리나 가치 기준 등에 맞게 현상을 판가름할 수 있는 능력이다. 판단력이 뛰어난 리더는 매사에 신중하며 논리적이고 보편적인 기준에서 업무를 처리하여 올바른 방향으로 조직을 인도할 수 있다.

따라서 리더는 올바른 판단력을 보유할 수 있도록 견문을 넓히고 깊게 생각하는 습성을 지니고 있어야 한다.

(4) 개념화

개념화 능력은 나타난 여러 가지 현상을 통해 '무엇이 문제인지'를 인식하고 '해결할 수 있는 방안을 도출할 수 있는 능력'이다. 리더는 무슨 문제나 상황이 발행하면 그에 대한 신속한 파악을 완료하고 해결방안을 모색해야 한다.

개념을 제대로 잡지 못하면 해결방안을 엉뚱하게 제시하게 된다. 따라서 리더는 개념화 능력을 길러서 문제점을 잘 도출해서 정확하고 빠른 해결방안을 모색해야 한다. 개념화 능력은 지속적인 소통 노력을 통해 증대시킬 수 있다.

나. 전투수행 능력

(1) 전술 지식

전술 지식은 전투에서 승리하기 위해 전술 제대의 전투력을 조직하고 운용하는 과학과 술에 관한 지식이다. 전시 상황이나 교전 상황 시 군 리더로서 전술 지식이 없다면 조직을 운용하는 데 제한 사항이 있을 것이며 임무 수행을 제대로 하지 못해 승리로 이끌지 못할 것이다.

초급 간부들은 평상시 전술 지식에 대한 연구가 필수적이다. 필요한 교범을 탐독과 연구를 지속하고 창의적 기법과 적용을 고민해야 한다.

(2) 전투 기술

전투기술은 다양한 전투상황에서 조건반사적으로 수행할 수 있는 전투 수행 방법이다. 전투 기술은 평상시 부단히 훈련으로 연마하고, 반복 숙달해야 한다.

그렇게 했을 때 전시 상황이나 긴급한 상황 발생 시 조건반사적으로 행동할 수 있는 것이다. 특히 군 초급 제대 리더는 누구보다도 뛰어난 전투 기술을 습득하고 이를 부하들에게 숙달시켜야 한다.

(3) 군사 장비 운용

군사 장비 운용은 편제장비를 비롯한 각종 군사 장비의 특성과 능력을 이해하고 이를 운용하는 것이다. 군 조직에서는 편제상 다양한 화기들이 있다.

소대, 중대, 대대, 연대, 사단 등 그 편제에 해당하는 화기들에 대해서 해당 지휘관 및 지휘자는 운용을 할 줄 알아야 하며, 2단계 상급 제대 편제장비에 대한 기본적인 지식과 특성 / 능력을 고려 적재적소에 사용할 줄 알아야 한다.

(4) 전투력 통합

전투력 통합은 군사적 목표를 달성할 수 있도록 전투를 수행하는데 필요한 제 요소를 효과적으로 통합하는 것이다. 전투력 요소에는 군별, 병과별, 인력과 방비 등 여러 부문이 있는데, 이러한 요소들의 효과적인 통합이 이루어질 때 전투력은 극대화되며 전투에서 승리할 수 있는 여건이 조성되는 것이다.

이는 각각의 전투력 요소에 대해 부단히 연구하면서 통합 훈련을 통해 완성된다. 이러한 전투력 통합은 상위 제대로 갈수록 더욱 요구되는 능력이다.

다. 직무 수행 능력

(1) 직무 지식과 기술

직무 지식과 기술은 자신의 직무를 수행하는데 있어 필요하다. 리더는 자신의 직책 및 직위에 맞는 직무 지식과 기술을 갖추고 있어야 한다. 전투 수행을 위해서는 물론이고 물론 상급자나 하급자 또는 동료들로부터 인정받기 위해서도 자신의 직책(직위)에 맞는 올바르고 정확한 직무 지식과 기술을 갖추고 있어야 한다.

(2) 자원 관리 및 활용

자원 관리 및 활용은 직무수행과 관련된 인적, 물적 자원을 관리하고 최상의 상태를 유지하여 적시, 적재, 적소에 활용하는 것이다. 평상시 자원 관리를 최상의 상태로 잘 관리하고 필요시에 적절한 곳에 자원을 잘 활용한다면 임무 수행을 최상의 상태로 극대화시킬 수 있다. 평상시 잘 관리된 자원이 있다고 하더라도 적시에 필요한 곳에 활용하지 못한다면 의미가 없다.

(3) 우선 순위 판단 및 수행

우선 순위 판단 및 수행은 과업의 경중완급을 고려하여 우선 순위를 판단하고 제반 가용요소를 고려하여 업무를 수행하는 것이다. 모든 과업에는 우선 순위가 있는 것이다.

한정된 자원을 가지고 우선 순위를 잘 고려해서 업무를 처리하는 것이 효과적으로 업무를 달성하는 것이다. 우선 순위에 의한 업무처리 능력이 뛰어난 리더가 있을 때 그 부대는 역량을 최대로 발휘할 수 있다.

(4) 유기적인 협조체제 유지

유기적인 협조체제 유지는 직무 수행과 관련된 조직 내·외부의 모든 관계자나 기관과 유기적인 관계를 유지하는 것이다. 자신만 유능하다고 해서 업무를 잘하는 것이 아니다.

결국 조직은 다른 여러 요소와의 원활한 업무협조 체계가 이루어질 때 그 조직은 역량을 발휘할 수 있다.

(5) 갈등 해결

갈등 해결은 이해관계가 다른 개인이나 집단 사이에서 발생한 문제를 합리적으로 해결하여 합의점을 찾아가도록 하는 것이다. 조직 내에서나 조직 간에는 서로의 이해관계가 있다 보니 갈등이 생길 수 있다.

하지만 갈등이 있을 때마다 원만하게 갈등을 해결하는 것이 필요하다. 갈등의 원만한 해결도 리더로서 중요한 능력 중 하나이다.

(6) 정보화 환경의 활용

정보화 환경의 활용은 군 내·외부적으로 구축된 첨단 정보화 기술과 다양한 네트워크를 임무수행에 이용하는 것이다. 미래 전쟁은 정보화 활용을 얼마나 잘 하느냐에 따라 결정되어질 것이다.

과거 전쟁 양상과는 전혀 다른 전쟁 시나리오가 진행될 것이며 정보화 기술을 임무수행에 어떻게 효과적으로 활용하느냐?에 따라서 전쟁의 결과는 달라질 것이다. 따라서 평상시 정보화 환경을 활용한 다양한 네트워크 운용에 익숙해 있어야 한다.

라. 의사결정 능력

(1) 다양한 정보의 활용

다양한 정보의 활용은 의사결정과 직·간접적으로 관련되거나 참고할 수 있는 다양한 자료나 정보, 구성원의 의견 등을 수집하여 이를 활용하는 것이다.

다양한 자료나 첩보를 가지고 정확한 정보를 구성하기도 하고 부대원의 다양한 의견도 청취해야 한다. 또한 다양한 정보가 있지만 정확하고 올바른 정보의 선별과정도 중요하다.

(2) 올바른 상황판단

올바른 상황판단은 현재의 상황을 정확하게 인식하고 적절한 결정을 내리는 것이다. 올바른 상황판단을 위해서는 많은 관련 자료가 있어야 하며 그 자료들의 옳고 그름을 잘 판단하고 선별해서 올바른 상황판단을 해야 한다.

리더가 자칫 잘못된 판단을 한다면 부대의 임무수행이 불가할 뿐만 아니라 생명의 보장도 보전하기 어려울 것이다.

(3) 합리적, 참여적 의사결정

합리적, 참여적 의사결정은 의사결정에 필요한 제 요소를 모두 고려하고 관련된 인원을 적극적으로 참여시켜 목적과 이치에 맞도록 의사결정을 하는 것이다.

의사결정이 이루어지기 전에는 여러 이견들이 있을 수 있으나 의사결정이 이루어지면 한 방향으로 나아가야 된다. 따라서 합리적, 참여적 의사결정을 통하여 조직 전체의 목적과 이치에 맞는 의사결정을 도출해 내야 한다.

(4) 의사결정의 적시성

의사결정의 적시성은 임무수행의 효과를 고려하여 늦거나 빠르지 않고 가장 적합한 시간에 의사결정이 이루어지는 것이다. 적절한 시기를 고려한 의사결정은 효과적인 임무수행을 달성할 수 있는 시금석(試金石)이다.

따라서 의사결정은 최대한 적절한 시기에 결정해야 한다. 물들어올 때 노 젓듯이 의사결정도 시기에 맞게 이루어져야 효용가치가 있으며, 이를 통해 임무수행이 가능하다.

마. 의사소통 능력

(1) 정보의 이해와 수용

정보의 이해와 수용은 다양한 수단과 방법을 통해 전달되는 상대방의 의사를 정확히 이해하고 이를 수용하는 것이다. 상대방의 의사를 정확하게 이해하고 수용하는 것이 의사소통 능력이다.

의사소통을 위해서는 언어적 측면과 비언어적 측면 등을 고려 상대방의 의도를 정확히 이해하고 전자기기와 사이버 운용을 통한 정보의 수용도 중요하다.

(2) 효과적인 의사 표현

효과적인 의사 표현은 자신의 의견이나 감정, 정보 등을 타인에게 간단명료하면서 명확하게 이해할 수 있도록 표현하는 것이다. 자신의 의견이나 생각 등을 잘 표현하지 못한다면 상대방으로 하여금 의사소통에 대한 제한 사항이 발생하게 된다.

따라서 원만한 의사소통이 이루어질 수 있도록 효과적인 의사 표현 능력을 구비해야 한다.

(3) 다양한 의사소통 수단의 활용

다양한 의사소통 수단의 활용은 의사소통을 위해 언어적인 수단은 물론 비언어적인 수단까지 다양하다. 또한 발전된 정보과학기술로 인해 사이버 상 의사소통 능력도 중요시되고 있다.

리더는 이러한 다양한 수단을 활용함으로 해서 부대의 소통을 위한 의사소통 능력과 역량을 높여야 한다.

(4) 지식과 정보의 공유

지식과 정보의 공유는 임무 수행과 관련된 다양한 지식과 자료, 정보 등을 모든 구성원들이 적시적으로 공유하는 것이다. 구성원들과의 지식과 정보의 공유를 통하여 더 많은 정보를 알 수 있다면 최상의 임무 수행을 완수할 수 있는 여건을 마련할 수 있는 것이다.

따라서 리더는 지식과 정보의 공유를 통해 효율적인 군 작전을 수행할 뿐만 아니라 부대원 모두가 참여하는 조직체를 만들기 위해서 이를 활용해야 한다.

바. 변화 관리능력

(1) 변화의 인식

변화의 인식은 무엇이 어떻게 변화되었는지 이해하고 분별하며, 향후 어떻게 변화될 것인지를 판단하는 것이다. 향후 변화에 대한 판단을 빨리 할 수 있다는 것은 리더로서 반드시 갖추어야 될 능력이다.

리더는 부대원들에게 변화에 대한 이해를 시키고 비전을 제시하여 부대원으로부터 신뢰를 얻고, 안정적인 조직 관리를 할 수 있을 것이다.

(2) 변화에 대한 적응성

변화에 대한 적응성은 변화하는 환경에 적합하도록 자신의 생각과 태도, 행동을 변화시키는 유연성이다. 변화에 적응한다는 것은 변화 관리 능력이 뛰어나다는 것이며, 머물지 않고 계속적인 변화를 가짐으로써 발전해 나가는 것이다.

따라서 리더는 주변과 내부 환경의 변화에 따라 부대에 필요한 변화 관리를 통찰하고 조직에 반영할 수 있도록 해야 한다.

(3) 조직의 변화 유도

조직의 변화 유도는 변화하는 환경에 적합하도록 구성원들이나 조직 전체의 의식, 태도, 행동의 변화를 이끌어내는 것이다. 조직은 계속해서 변화하고 발전되어나가야 한다. 정체되어 있으면 안 된다. 주변 환경에 맞춰나가야만 도태되지 않는다.

변화하는 환경에 맞게 조직 구성원들의 의식이나 태도 등을 변화시키기 위해서는 리더가 먼저 대안을 제시하고 비전을 제시하여야 한다.

(4) 지속적인 변화 관리

지속적인 변화 관리는 변화에 대한 계획, 실시, 평가의 과정을 통해 지속적인 변화를 이끌고 유시하는 것이다. 평가를 통한 수정과 계획을 통해서 지속적인 변화에 대한 관리를 해 나갈 때 변화 관리 능력이 향상되고 갖추어지게 된다.

물질이 목재의 칼집이라면 정신은 시퍼런 칼날이다. 군의 전력은 지휘하는 장수의 정신에 의해 결정된다.

– Carlvon Clausewitz

⁂ **수시평가(과제평가) 14차 :** 작성 후 절취선을 따라 분리 제출하시오.

❐ 위험에 처한 부대의 상황을 타개하기 위한 연대장의 기지를 읽으세요.

반격작전을 준비 중에 있던 미 제25사단은 예하 35연대가 도하지점을 확보하는 것이 급선무였다. 35연대가 도하를 시작하여 일부 병력이 대안지역에 도달했을 때 중공군의 강력한 공격으로 대안에 도달한 부대가 전멸될 위기에 처하였다.

연대장은 이를 지원하고자 먼저 전차 1대를 수심이 얕은 곳을 찾아 도하시키기로 결심하였다. 난관을 극복하고 전차 1대가 도하에 성공했고 이를 후속하여 여러 대의 전차가 도하하여 보전협동으로 대안을 확보함으로써 사단의 도하 여건을 보장하였다.

❐ 부대의 불확실한 위험 상황 하에서 조치한 연대장의 적시성 있는 결심 능력을 발표해 보세요.

5. 군 리더십의 원칙[44)]

가. '올바른 리더'가 되기 위한 원칙

(1) 제1원칙 : 올바른 가치관을 정립해야 한다.

가치관은 인간이 사물을 평가하고 바라보는 관점으로 특정한 행동 양식이 다른 것보다 더 낫다고 생각하는 개인적인 확신을 말한다. 리더는 일정한 가치관을 자기 내면화하면서 국가와 국민을 위해 자신의 생명을 기꺼이 바칠 수 있는 올바른 가치관을 정립해야 한다.

(2) 제2원칙 : 도덕성과 윤리의식을 함양해야 한다.

도덕성과 윤리의식은 어떤 어려운 상황과 여건 속에서도 올바름과 적절함을 유지하도록 하는 근본이다. 전장과 같은 극한 상황일수록 리더의 윤리의식은 더욱 중요하다.

군 구성원은 법률이 정하는 바에 의해 공무원이라는 지위를 가지며, 공인으로서 국가와 사회가 정한 법규를 준수해야 할 책임도 동시에 갖고 있다. '선공후사(先公後私)'의 마음가짐으로 개인의 사적인 이익보다는 공익을 위해 희생하고 봉사하는 마음을 갖고 있어야 한다.

리더가 도덕성과 윤리의식에 문제점이 발생하여 청렴성이 결여될 경우 조직의 단결을 저해하고 사기를 저하시킴으로써 조직의 전투력을 약화시킬 수 있다. 따라서 리더는 높은 수준의 도덕성과 윤리의식으로 무장해야 조직을 장악할 수 있다. 이러한 도덕성과 윤리의식은 상위 직책으로 올라가면 갈수록 더욱 중요한 덕목이 된다.

(3) 제3원칙 : 군인다운 태도, 자세, 용모를 구비해야 한다.

리더 자신도 한명의 전투원이자 군인이다. 따라서 리더는 군인으로서의 내·외적 정신자세와 용모를 구비하고 항시 부여된 임무를 완수할 수 있도록 군인다운 태도를 갖춰야 한다.

성숙한 내·외적 정체성을 확립하기 위해서는 내적으로는 군이 지향하는 가치를 내면화하고 이를 체득함으로써 리더의 올바른 자세를 확립해야 하며, 외적으로도 용모, 태도, 자세, 복장, 언행 등 모든 면에서 군인다움을 구비해야 한다.

---

44) 육군본부(2011), 『군 리더십』, 2-2 ~ 2-14쪽

나. '유능한 리더'가 되기 위한 원칙

(1) 제4원칙 : 군사적 전문성을 구비해야 한다.

군 리더는 현행 및 미래의 임무 수행에 필요한 군사적인 전문성을 갖춰야 한다. 리더가 군사적인 전문성을 구비할 때 자신감을 갖고 효과적으로 부대를 지휘하여 임무를 완수할 수 있다.

(2) 제5원칙 : 적시에 결심하여 구성원에게 알려주어야 한다.

21세기는 시시각각 변화하는 전장 상황을 적보다 먼저 식별하고 실시간으로 판단 및 결심하여 타격하는 등에 소요되는 시간을 얼마나 많이 단축하느냐에 따라 전장에서의 우위가 좌우된다. 리더는 전장에 대한 정보력을 가지고 전장 상황의 우선순위를 판단하여 결심하는 의사결정 절차를 숙달해야 한다.

또 리더는 상황변화에 따른 정보를 구성원과 실시간에 공유함으로써 협조된 행동과 통합된 노력을 가능케 하고, 정보의 왜곡을 사전에 차단함으로써 유언비어나 공황 등을 예방할 수 있다.

(3) 제6원칙 : 공동체 의식으로 협동성을 강화해야 한다.

성공적인 임무 수행은 각 개인의 역량을 어떻게 통합시키고 응집시키느냐에 달려 있다. 공동체 의식은 실전적 상황 하에서 강한 훈련을 통해 리더와 구성원 모두가 어렵고 힘든 상황을 공유하고 함께 극복할 때 실질적으로 형성된다고 할 수 있다.

따라서 리더는 평시부터 부대원의 공동체 의식 함양을 위한 다양한 프로그램이나 활동을 통해 단결심과 협동심을 키우고 항상 단결하는 부대, 싸우면 이기는 부대의 전통을 수립하도록 노력해야 한다.

다. '실천하는 리더'가 되기 위한 원칙

(1) 제7원칙 : 비전과 목표를 제시해야 한다.

비전은 조직의 미래에 대한 진취적이고 장기적인 청사진으로서 현실적이고 달성가능하며 신뢰할 만한 것이어야 하며, 이러한 비전을 수행하기 위해서 성취해야 할 목표를 구체적으로 설정하고 이를 달성하기 위해 노력해야 한다.

목표는 조직의 특성과 구성원의 욕구 등을 반영하여 구체적이고 명확하게 제시해야 한다. 임무 완수를 우선시하되 구성원의 삶의 질도 동시에 고려하여 조화시킴으로써 구성원이 자발적으로 헌신할 수 있도록 하고 더 나아가 최상의 전투력을 발휘할 수 있도록 유도해야 한다.

(2) 제8원칙 : 솔선수범해야 한다.

리더십은 행동으로 실천할 때 비로소 의미를 갖게 된다. 조직이 요구하는 바를 리더가 몸소 실천함으로써 사고와 행동의 방향을 제공할 뿐만 아니라, 구성원에게 동기를 부여하여 자발적으로 행동하도록 하는 등 직접적이고 긍정적 영향을 미치는 중요한 요소이다.

따라서 위험하고 어려운 상황일수록 솔선수범해야 긍정적인 효과를 더욱 크게 가져올 수 있다.

(3) 제9원칙 : 자신과 구성원 역량을 계발해야 한다.

리더가 임무를 수행하는데 있어서 필요한 역량이 부족하다면 구성원은 리더의 임무 수행은 물론 그 결과에 대해서도 의심하게 되며, 구성원으로부터 신뢰와 존경을 상실할 수 있다.

따라서 리더는 자신의 장·단점을 파악하여 장점은 확대하고 단점은 보완, 발전시킬 수 있도록 평생학습을 통해 끊임없이 노력함으로써 스스로 군사작전의 전문성을 구비해야 한다.

리더 자신의 역량이 탁월하더라도 혼자서는 성공적인 임무 완수를 보장받을 수 없다. 역량을 갖춘 여러 구성원과의 공동 노력이 필요하다. 자기 및 구성원 계발을 위해 창의적 시행착오를 관용하는 조직문화와 풍토를 조성해야 한다.

조식에는 명문화되지는 않았지만 수많은 경험에 의해 축적된 노하우가 존재하는데 이러한 지식과 지혜를 체계화하여 전 구성원이 공유할 수 있도록 해야 한다. 적절한 권한의 위임을 통해 조직을 활성화하고 통합된 전투력을 발휘할 수 있도록 해야 한다.

어떤 조직이든 조직의 효율성을 높이기 위해 규정과 시스템을 구축해 놓고 있으며 모든 구성원에게 적용한다. 따라서 리더는 자신의 경험, 관습에 의존하기보다 규정과 체계를 준수해야 한다.

장수는 국가의 간성으로 그의 능력이 충분하면 나라가 반드시 강하고, 능력이 없으면 나라가 반드시 망한다.

— 孫子

⁂ **수시평가(과제평가) 15차 :** 작성 후 절취선을 따라 분리 제출하시오.

❐ 6 · 25전쟁 시 인천상륙작전의 실행 여부에 대한 논쟁을 읽어 보세요.

미 합동참모본부는 상륙작전에는 동의하였지만 상륙지역을 인천으로 선정한 것에 대해서는 찬성하지 않았다. 인천지역은 조수간만의 차이나 수로 등에서 상륙작전에 제한요소가 많기 때문에 적지가 아니라는 것이었다. 맥아더 장군은 왜 인천에 상륙해야 하는가에 대해 "적은 후방지역에 대한 대비가 소홀하고, 병참선이 과도하게 신장되어 있으므로 서울에서 신속히 이를 차단할 수 있다."는 것이었다.

또 "유엔군 전투부대는 사실상 모두 낙동강 일대의 제8군 정면에 투입되어, 훈련된 예비 병력마저 없기 때문에 인천에 상륙하게 되면 우리를 저지할 수 있는 능력은 거의 없다."라고 설명하였다.

맥아더 장군은 계속해서 전략적, 정치적, 심리적 이유를 들어 서울을 신속히 탈환해야 한다고 설득하여 결국 승인을 받아 내었다.

❐ 위 내용을 읽고 군 리더십의 원칙에 대해서 발표해 보세요.

6. 군 리더십 수준

가. 리더십 수준 분류45)

대부대 지휘와 소부대 지휘 즉, 만여 명을 지휘하는 지휘관과 수십 명을 지휘하는 소대장에게 요구되는 리더십은 분명히 다르다. 계급과 직책에 따라 수행되는 임무의 특성, 리더십 발휘 대상 및 방법이 각기 다르기 때문이다.

리더의 수준은 리더가 자신의 계급과 직책에 맞는 역할을 수행하기 위해 '무엇에 중점을 두고 어떻게 리더십을 발휘해야 하는가?'를 이해할 수 있게 해준다. 또한 현재는 물론 차후의 직책을 효과적으로 수행하기 위해 '무엇을 해야 하고 무엇을 준비해야 하는가?'를 판단할 수 있게 해준다.

리더십 수준은 리더십 발휘의 목적, 리더가 수행하는 임무나 직위의 통제 범위, 행사하는 영향력의 범위, 부대의 임무와 작전, 계획수립의 수준 등에 의해 결정된다. 군은 다양한 신분과 계급, 직책, 제대로 구성되어있으며 이에 따라 수행하는 업무가 다르고 리더십을 발휘하는 대상과 수, 발휘방법 등도 달라진다.

그러나 이러한 여러 가지 요소를 모두 고려하다 보면 리더십 수준이 지나치게 세분화되고 복잡해진다. 따라서 군 특성상 이를 포괄할 수 있는 계급과 근무 제대를 고려하여 리더십 수준을 분류하는 것이 일반적이다.

계급은 리더의 군사적 전문성과 직무 수행 능력, 경험 등을 함축적으로 나타낸다. 리더의 계급에 따라 수행하는 업무와 통제범위, 미치는 영향력의 정도가 달라지므로 계급은 리더십 수준을 분류하는 기준이 된다.

또한 동일한 계급이라도 어느 제대에서 근무하느냐에 따라 수행하는 임무, 리더십을 발휘하는 대상과 방법 등이 달라지므로 제대 역시 리더십 수준 분류의 기준이 된다.

나. 리더십 수준별 발휘 특성

(1) 부사관 및 위관장교, 대대급 이하 제대

부사관과 위관장교와 대대급 이하 제대 리더는 단일 기능과 병과로 편성된 분대~대대급 제대를 지휘하거나 참모업무를 수행한다. 대대급 이하 제대는 제한된 자원과 물자로 임무를 수행하며 전투근무지원 요소는 상급 부대의 지원을 받도록 편성되어 있다.

45) 육군본부(2011), 상게서, 3-1 ~ 3-5쪽

이 수준의 리더는 수백 명 이하의 비교적 적은 병력을 지휘하므로 대부분 부하를 직접 지휘하고 대대급 부대의 지휘관은 예하 지휘관(자)과 참모를 활용하여 직, 간접 지휘를 병행한다.

리더는 현장에서 부하들과 함께 동고동락하며 대부대에 비해 비교적 단순히 임무를 수행한다. 이들은 편제된 인원, 화기, 장비의 관리 및 운용과 교육훈련 임무를 수행한다. 부하의 대부분은 군경험, 지식, 전문성 등이 부족하다.

(2) 영관장교, 연대~군단급 제대

영관장교와 연대~군단급 제대의 리더는 다양한 부대(서)와 기능으로 편성된 제대를 지휘하거나 관련된 참모업무를 수행한다. 이 수준의 리더는 수백에서 수만 명의 병력으로 구성된 부대를 지휘하거나 관련 부서에서 임무를 수행한다.

이들은 제 전투 수행기능과 부대, 관련 기관과 유기적으로 협조하면서 다양하고 복잡한 임무를 수행한다. 업무를 효율적으로 수행하기 위해 제반 가용 요소를 조정, 통제하고 갈등을 관리하면서 통합하는 능력을 발휘한다. 구성원의 대부분은 해당 분야에 대한 폭넓은 경험, 지식, 전문성을 갖추고 있다.

(3) 장군, 작전사급 이상 제대

장군급과 작전사급 이상 제대의 리더는 다양한 조직으로 편성된 제대를 지휘하거나 참모업무를 수행한다. 이 수준의 리더는 참모조직과 제도, 규정 등 시스템을 활용하여 부대를 지휘하거나 참모 부서에서 임무를 수행한다.

이들은 정책 결정, 제도 발전을 통해 육군 전체에 영향을 미치는 중요한 임무를 수행한다. 타군(육, 해, 공군, 해병대), 연합군, 정부 기관 및 지방자치단체, 민간요소까지 포함하여 제반 정책을 수립하고 추진하며 군사작전을 수행한다. 구성원의 대부분은 병과, 직능에서 최고의 전문성을 갖추고 있다.

라. 제대별 리더십 수준

리더십 수준은 앞에서 설명한 계급과 근무 제대의 특성을 고려하여 위관장교 이하와 대대급 이하 제대는 행동적 리더십, 영관장교와 연대~군단급 제대는 통합적 리더십, 장군과 작전사급 이상 제대는 전략적 리더십으로 분류한다. 리더가 효과적으로 리더십을 발휘하기 위해서는 리더십 수준에 따라 리더십 발휘 중점도 달라진다.

(1) 행동적 리더십(기술적)46)

행동적 리더십 수준은 일반적으로 리더가 현장에서 부하들과 마주치면서 임무를 수행하므로 직접적으로 동기를 유발시킬 수 있는 솔선수범과 의사소통, 부하지도 능력 등이 필요하다. 리더는 임무 수행 현장에서 부하들과 직접 접촉하면서 그들을 이끌어 자신의 의도를 구현해야 한다.

이 과정에서 나타나는 리더의 태도, 행동 등은 부하들의 행동에 직접적으로 영향을 주게 된다. 행동적 리더십은 주로 대대급 이하 제대의 리더에게 요구되며 적용대상은 위관급 장교, 부사관, 일반 군무원이다.

(2) 통합적 리더십(대인관계 기술)47)

통합적 리더십은 부대의 제 기능과 가용자원을 임무수행 목적에 적합하도록 상호 결합하고 협조시켜 시너지 효과를 발휘하도록 하는 리더십이다. 제대의 규모가 커질수록 직접 운용하거나 통제해야 할 제 기능과 부대, 관련 기관들이 많아지고 수행하는 업무도 다양하고 복잡해진다.

이러한 부대의 제반 특성을 고려하여 임무를 효율적으로 수행하기 위해서는 업무를 조정, 통제하고 다양한 이해관계에 따른 갈등을 예방, 관리하여 협력적으로 행동함으로써 통합능력을 발휘하도록 해야 한다.

통합적 리더십 수준은 다양한 부대와 관련 부서 간의 유기적인 임무수행이 요구되므로 협력적 사고와 행동 등이 필요하다. 통합적 리더십은 주로 연대~군단급 제대에서 요구되며 적용 대상은 영관급 장교, 관리직 군무원이다.

(3) 전략적 리더십(개념적 기술)

전략적 리더십은 국가이익과 부대의 목표를 달성하기 위해 종합적, 장기적, 미래지향적으로 판단하고 행동하는 리더십이다. 리더는 국익을 고려하여 군사전략과 주요 정책을 수립하고 시행하여야 한다. 조직의 비전과 목표를 제시하고 변화와 혁신을 주도해 나가야 한다.

---

46) 육군본부(2011), 상게서, 3-6 ~ 3-8쪽

47) 육군본부(2011), 상게서, 3-21 ~ 3-23쪽

군 조직 직급 수준의 리더십 기술 유형

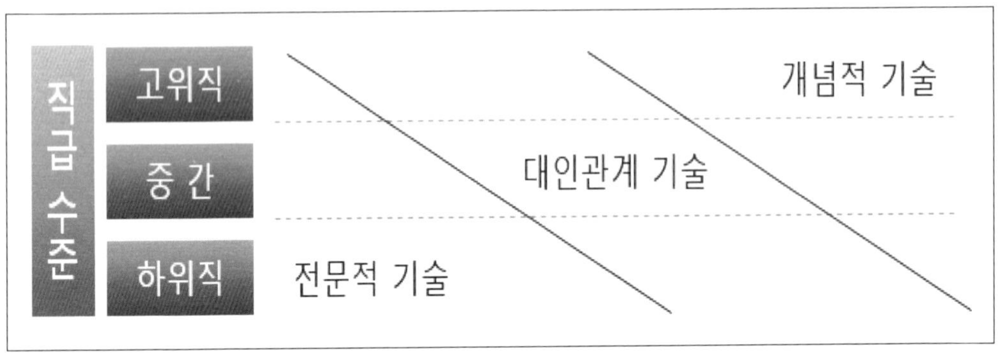

나라가 없고서 일가(一家)와 일신(一身)이 있을 수 없고, 민족이 천대를 받을 때, 나 혼자만 영광을 누릴 수 없다.

– 안창호

※ **수시평가(과제평가) 16차 :** 작성 후 절취선을 따라 분리 제출하시오.

❐ 각 제대별(작전사급 이상, 군단급~연대급, 대대급 이하) 리더의 역할에 대해서 발표해 보세요.

제5절 초급 간부의 유형별 리더십 발휘

구분	학습 목표	평 가
1	• 병영생활간 적용할 수 있는 리더십을 설명할 수 있다.	• 세부 단원 종료 후 수시평가
2	• 전장 리더십을 설명할 수 있다.	
3	• 임무형지휘애 대하여 설명할 수 있다.	• 전 단원 종료 후 단원평가
4	• 외국군 리더십을 설명할 수 있다.	

1. 병영생활 리더십

가. 긍정형 리더십[48)]

(1) 개념과 필요성

(가) 개념

육군에서는 최근 긍정형 리더십을 강조하고 있다. 부사관 양성과정부터 장교 보수교육에 이르기까지 다양한 채널로 긍정형 리더십 교육을 강화하고 있으며, 이를 정착시키기 위한 여러 노력이 병행되고 있다.

긍정형 리더십은 '사람의 마음', '말', '행동'을 부정적인 접근방식에서 긍정적인 접근방식으로 전환시켜 구성원들의 창의성과 자율성을 최대한 발휘하게 하여 임무완수에 전력투구하게 한다.'는 리더십이다.

이전의 부정적 사고와 언행의 대명사인 통제나 지시, 금지, 제한을 긍정적 사고의 자율, 책임, 권장, 소통 등의 개념으로, 이전 리더십 발휘 대상을 부하와 하급자로 보았다면 이제는 동료와 전우로, 방법적 측면에서 단점의 보완에서 장점의 강화로, 목표 달성에 있어서도 최소한의 성취에서 기대되는 성취 등으로 발상의 전환을 꾀하는 리더십이다.

(나) 필요성

인류의 역사는 긍정의 역사가 주도해 왔다고 해도 과언이 아니다. '무엇을 해도 안 된다'라고 생각했다면 인류는 지금껏 아무것도 이루지 못하고 있을 것이다. 하늘을 날 수 있다는 희망, 우주를 날아 저 먼 행성에 갈 수 있다는 인류의 긍정적 희망이 비행기를 구체화 시켰고 우주선을 만들었다.

인류는 노동 집약사회를 거쳐 기술 집약사회로 현재는 인간중심의 감성사회에 접어들었다. 인간의 완력과 기술력이 지배하던 사회에서 이제는 인간의 감성이 생산력과 조직을 지배하는 시대로 전환되었다. 리더가 사람의 마음(감성)을 얻어야 조직을 통제할 수 있는 시대가 도래된 것이다.

사람의 생각도 자기중심적이거나 방어적이며 불안 등의 부정적 증세가 심하면 자존감이 떨어지고 조직적응이 어렵다. 반면 생각이 긍정적이면 대뇌의 도파민(dopamine)이라는 신경전달물질이 상승하여 사고의 유연성이나 창의성, 판단력 및 대인관계 능력이 매우 상승하는 것으로 알려져 있다. 이러한 긍정적인 정서는 개인의 행복감을 넘어 조직에까지 긍정적 영향을 미친다.

48) 육군교육사령부(2017), 『리더십(양성과정)』 재정리

(2) 긍정형 리더십의 발현과 실행

(가) 발현

긍정형 리더십의 발현은 마음에서 시작하여 말과 행동으로 표출된다. 곧 긍정적인 사고에서 긍정적인 말과 행동이 유발된다.

따라서 리더(이하에서는 리더와 지휘자(관)을 동일어로 사용한다.)는 우선 부정적인 사고를 깨고 항상 긍정적인 마음 자세와 사고를 가지고 조직을 이끌며 업무나 임무에 임해야 한다. 사고가 긍정적이면 모든 일에 주인의식이 발생하고 업무에 능률과 효율이 배가된다. 긍정적인 사고를 위해서는 자신을 긍정적으로 믿어야 하며, 자신의 주변을 긍정적인 시각으로 바라보아야 한다.

두 번째로 긍정적인 말투는 리더 자신과 부하에게 긍정의 분위기를 전파하게 한다. 긍정적인 말투는 함께하고, 고마워하고, 감사할 줄 아는 마음의 표현이다. 이는 인정하고 칭찬하는 분위기로 이어지며, 조직의 임무 완성도에 큰 영향을 미친다.

마지막으로 긍정적인 행동이다. 긍정적인 행동은 부하에게 동참을 이끌어 낼 수 있는 무언의 열쇠이다. 부하들은 리더의 행동으로 평가한다. 리더의 긍정적인 행동은 조직에 긍정형 비전을 제시하고 이를 확산시킨다.

(나) 실행

긍정형 리더십을 키우기 위해 육군에서는 사고와 말과 행동이 함께하는 다음 다섯 가지 실행 방안을 제시하고 있다.

첫째, '긍정형 리더가 되자'이다. 이를 위해 먼저 리더가 부정적 생각에서 긍정적 생각으로 사고의 발상이 이루어져야 한다. 즉 통제와 지시보다는 위임과 격려, 위기보다 기회, 약점보다는 강점, 불가능함에서 가능함으로 생각하는 사고의 전환이다. 또한 자기가 현재 수행하는 일에 긍정적인 믿음을 가지고 열성적으로 헌신하여야 한다.

둘째, '부하를 소중한 존재로 대하자'이다. 상관과 부하는 상하관계가 아니라 업무의 협력자이며 조력자이다. 계급의 상하가 있을 뿐이다. 이러한 부하를 잘못 생각하여 지시의 대상으로 파악하거나 마음의 상처를 주는 행위를 하면은 안 된다. 부하의 마음을 얻을 수 있도록 먼저 다가가고 경청하고 부하의 입장에서 생각하며, 일상생활에서부터 부하의 긍정적인 에너지가 넘치도록 해야 한다.

셋째, '긍정적인 말과 행동으로 소통하자'이다. 조직에서 의사소통의 단절은 곧 조직의 말로를 의미하는 것이다. 그러면 의사소통의 활성화를 위해서는 어떻게 해야 할 것인가? 이는 항상 긍정적인 말과 행동으로 상대방을 대하는 것이다. 개념 없는 소리, 쓸데없는 소리 대신 긍정의 말투와 눈빛으로 다가가보자. 속마음도 함께 이야기하며 함께 공감할 수 있는 분위기를 조성하여야 한다.

넷째, '조직의 긍정적인 변화를 주도하자'이다. 조직의 변화는 당장은 힘들고 어렵고 두렵다. 그러나 긍정적인 변화를 주시하고 변화의 싹을 확산시켜 키워보자. 이를 위해서는 과감한 결단도 필요하다.

다섯째, '긍정형 팔로워가 되자'이다. 조직에서 사람은 리더이자 팔로워이다. 항상 불평불만보다는 조직에서 신뢰를 얻을 수 있도록 노력해야 하며, 상급자의 입장과 하급자의 입장에서 역지사지할 필요가 있다. 조직의 목표를 명확하게 인식하고 목표를 위해 헌신해야 한다.

(3) 효과

우리 군에서 긍정형 리더십이 리더십의 한 유형으로 자리 잡고 생활화된다면 병영문화는 한층 더 혁신될 것이다. 군대 내 상하 간 단결과 화합이 이루어지고, 구성원의 삶에 대한 만족감이 크게 향상될 것이다. 또한 창의와 자율에 의한 직무 형태 강조로 조직원의 직무만족도가 크게 향상될 수 있어 조직 능률의 향상을 기대할 수 있다.

긍정형 리더십이 확산된다면 조직에 대한 충성도 또한 높아져 주어진 임무를 향해 더욱 매진할 것이다. 신세대 장병의 의식에 대한 상승효과도 기대할 수 있어, 군에서 발생할 수 있는 각종 문제점을 극복할 수 있을 것으로 기대된다.

나. 리더십 상담49)

(1) 리더십과 상담의 관계

최근 사회발전의 추세는 그간 인류가 경험해보지 못한 속도로 빠르게 진행되고 있으며 그 다양성의 폭 또한 매우 크다. 사회가 변화함에 따라 전장 환경의 변화, 임무의 다양화, 가치의 변화 등이 군 내에서도 동반적으로 이루어지고 있으며 그중에서도 인간에 대한 관점이 크게 변화하고 있다.

리더십 측면에 있어 인격의 존중과 배려, 인적자원의 개발, 임무형지휘, 팀

49) 국방대학교(2010), 『고급제대 리더의 길잡이 국방리더십저널』, 60~65쪽

정신의 생활화 등 새로운 리더십이 요구되고 있다. 여기에 한 가지를 더 한다면 '리더십 상담'이라는 분야이다. 이 용어는 이미 미국에서는 공식적으로 사용되고 있는 용어로, 상담의 기법을 통한 리더십의 실천이라고 할 수 있다.

리더는 "부여된 역할과 책임을 바탕으로 임무와 목표를 달성하기 위하여 구성원과 상호작용면서 영향력을 행사하는 자이다"이다. 상담이라고 하는 것은 "상담자와 피상담자 간의 상호작용을 통하여 피상담자의 성장과 발전을 촉진하는 과정"이라 정의할 수 있다.

군에서 리더와 상담은 필수불가결한 사안이다. 리더는 조직원에 대하여 상호작용을 통하여 영향력을 행사하는 자이며, 상담자 또한 상호작용을 통하여 피상담자에게 영향력을 행사하여 성장과 발전을 촉진시킨다. 군에서는 리더가 상담자의 역할을 수행한다. 따라서 군에서의 리더와 상담은 상호 관련이 밀접한 연결고리를 가지고 있다.

하지만 리더는 조직의 목표 달성을 위해 영향력을 행사하는 개념이 강하고, 상담은 조직원 개인의 성장과 발전을 촉진하는 개념이 강하다. 그러나 지금의 리더십은 개인의 잠재 역량 개발과 발전을 촉진시키는 방향으로 진행되고 있다. 따라서 리더십과 상담은 하나의 연관된 과정으로 보는 것이 타당하다.

군 리더들은 상담에 대한 전문적인 소양을 습득하고 부하들과의 상담을 통하여 개인적인 문제점이나 어려움을 해소하고 발전할 수 있도록 조력하여야 한다. 이러한 상담의 과정과 결과가 개인의 발전에 큰 영향을 미치고 크게는 조직의 임무나 목표 달성에 영향을 미치기 때문이다.

(2) 군상담의 현 실태와 문제점

군에서는 최근 분대장으로부터 고급 제대 지휘관에 이르기까지 상담에 대한 중요성을 인식하고 적극 실천하는 방향을 모색하고 있다. 또한 상담 활성화에 대한 다양한 토의와 연구가 진행되고 있고, 상담을 위한 다양한 통로가 구축되어 있기도 하다. 그러나 군상담은 사실 그 목적이 사고 예방에 집중되는 경향이 있다.

그러나 상담의 목적 중의 하나가 잠재 능력 계발과 발전이다. 그래서 상담자는 상담에 대한 상당한 전문적 식견과 기술을 겸비해야 하고 경험도 풍부해야 한다. 그러나 현재 군에서의 상담은 주로 부적응 병사를 식별하고 이를 조치하는 하나의 통로로 이용되는 경향이 크다. 이와 같은 군에서의 상담에 대한 피상적 접근으로 인해 큰 측면에서의 상담에 대한 목적은 실종되고, 사고 예방과 문제 발생의 억제에 초점이 맞춰져 있다.

군에서의 상담이 현실적인 사항인 사고 예방이나 개인의 문제 위주로 진행하는 것도 중요하지만, 국가의 자원인 장병에 대한 상담을 체계적이고 지속적으로 추진하여 조직원의 잠재력과 발전을 추구하도록 영향력을 행사하여야 한다.

비록 눈앞의 사고와 문제가 더 급하겠지만 리더가 먼 미래를 보고 조직원을 교육시키고 부하의 잠재 능력을 개발하며 창의성을 발휘하도록 성장시킨다면, 군 조직의 목표 달성에 크게 기여하는 결과를 가져올 것이다. 이를 위해서 리더의 상담에 대한 준비와 자세도 필요하다.

(3) 리더의 역할과 태도

리더십과 상담은 군에서 리더인 지휘자(관)에 의해 주로 진행된다. 리더십은 조직의 목표와 임무를 달성하기 위해 실행되는 것이며 결국은 부하들 개개인의 삶의 질을 향상시키는 것이다. 상담의 목적 역시 부하의 개발과 문제해결을 통한 행복한 삶의 영위에 있다고 할 것이다.

이와 같이 군에서 리더십과 상담은 동일 직위에 의해 진행되며 비슷한 목적을 가지고 수행된다. 리더가 조직의 목표와 임무 달성을 위해서 실행하는 것이다. 상담 리더십을 수행하는 과정에서 리더의 역할과 태도는 많은 영향을 미친다. 이를 위해 리더는 다음 몇 가지를 살펴볼 필요가 있다.

먼저 리더십과 상담은 조직의 목적 달성을 위한 협력의 관계이며 동일한 지휘의 수단이라는 점이다. 조직의 목적 달성을 위해 리더십을 발휘하고 리더십의 발휘 과정에 필요한 부하 계발이나 문제점을 상담이라는 과정을 통해서 해결할 수 있는 것이다. 이러한 인식이 확산될 때 상담과 리더십은 공생하며 조직의 임무 달성에 기여할 수 있다.

다음으로 리더는 상담에 필요한 기술을 습득하여야 한다. 이를 위해서 양성과정에서부터 교과과정에 반영하여 상담에 대한 기초 지식을 배양하는 것도 좋은 방안이며 부대별로 주기적인 실무교육을 진행하여 습득하게 할 수도 있을 것이다. 리더는 이러한 기회들을 활용하여 상담기술을 습득하거나 자신이 스스로 상담에 대한 연구도 필요하다.

리더는 조직을 이끌어 가는데 필수불가결한 상담을 진행해야 할 책무가 있다. 따라서 리더는 수준 높은 상담경지에 오르도록 준비해야 하고 더욱 중요한 것은 상담적 태도를 겸비하는 것이다. 상담적 태도란 리더가 피상담자와 상담이 이루어질 수 있는 태도와 환경을 구성하고 최종적으로는 라포(rapport)를 형성해야 한다.

이를 위해 리더는 평소부터 조직원과 원만한 인간적 관계를 유지하기 위해 인격도야와 진실성 등을 갖추어야 한다. 또한 내담하는 피상담자를 따뜻하게 포용하고 받아들여야 한다. 다음 상담 시에는 피상담자의 입장에서 공감하고 항상 상담자와 함께 하고 있음을 주지시켜야 한다. 미래에 대한 비전도 제시하며 전문적 지식으로 도움을 주어야 한다.

상담의 기법 중 가장 중요한 것은 피상담자의 이야기를 잘 들어주는 것이며 본인이 모든 것을 다 아는 것처럼 하는 것은 금물이다. 또한 상담 간 비밀은 최대한 보장할 수 있도록 노력해야 한다.

마지막으로 상담에 대한 인식의 전환이다. 상담 받는 것을 두려워하고 상담 받는 것을 이상하게 생각하는 분위기를 일소시켜야 한다. 상담은 필요에 의해서 받는 것이며 그에 따른 답이 있는 것이다. 병영 내에 상담을 위한 더 많은 조직과 여건을 구비하고 누구나 상담하고 조언 받을 수 있는 정서적 여건이 정착될 수 있도록 노력해야 한다.

다. 교육훈련 리더십

(1) 전장 환경의 변화에 따른 교육훈련

전쟁의 양상은 사회의 발달과 밀접한 관계를 유지하고 있다. 전쟁은 농업사회에서는 백병전으로, 근대 산업사회에 들어서는 대규모 기동전과 화력전 위주로 진행되었으며, 현대의 지식정보화 사회에서는 지식정보전 수행을 그 특징으로 하고 있다. 또한 전장의 무기체계도 사회의 발전단계에 따라 변화를 거듭하여 지금은 최첨단 하이테크 무기들이 주류를 이루고 있다.

현대의 전장은 무엇보다도 지식정보화사회에서 무기체계를 다루는 주체인 사람이 변화하고 있다는 것이다. 이제 전장의 군인은 단순한 북소리에 따라 전진하고 물러나는 농업사회 시 백병전을 수행하는 아날로그식 병정이 아니다. 군대 운용체계도 농업사회의 완력에서 벗어나 전장의 하이테크 무기체계를 다루기 위한 기술집약형 군대로 변모하고 있다.

현재의 군 인적 구성은 독자성과 개성이 강하고 주어진 임무에 스스로 판단하고 조치하는 창의적 인간형 자원들이다. 통합된 정보를 바탕으로 시시각각 변화하는 전장의 상황을 스스로 판단하고 조치하며 능동적으로 전투에 임하는 디지털 전사들이다. 이러한 전장의 변화와 인적자원의 변화는 새로운 교육훈련의 개념과 방법을 요구하고 있다. 따라서 이들을 어떻게 훈련시키고 관리하느냐가 지휘관의 관심사가 되었다.

예로부터 교육훈련이 제대로 된 부대가 사기가 제일 왕성하며 싸우면 승리한다고 했다. '싸우면 이기는 부대'를 육성하기 위해서는 현대의 디지털 스타일 전사에 합당한 교육훈련을 진행해야 한다. 육군에서도 이에 발맞춰 시기별로 다양한 교육훈련방법을 시도하였다.

육군의 훈련제도사는 다음과 같다. 1,946년 창설 시부터 1,977년까지는 창설부대형 훈련[50]을 진행하였고, 1,978년부터 2,003년까지는 부대별 임무 및 기능을 최대한 발휘할 수 있도록 하면서 연중 균형된 전투준비태세를 유지할 수 있는 임무위주훈련제도[51]를 진행하였다. 2,004년 이후에는 개인 및 부대가 "싸우는 방법대로 훈련하고 훈련한 대로 싸운다."는 기본개념에 따라 상시 전투준비태세를 유지할 수 있는 현재의 전투임무위주훈련[52] 방안이 구상되었다.

전투임무위주훈련을 구현하는 방법으로는 전투임무에 기초를 둔 훈련, 책임제 분권화 훈련, 전제대 동시훈련, 주 단위 집중 순환식 훈련, 과목/과제에 의한 훈련 등이 있다. 여기서 훈련의 구체적인 시행 방법은 생략하기로 한다.

리더는 이러한 전장 환경의 변화에 따른 교육훈련의 개념 변화를 인식하고 현시점에 맞는 교육훈련 방법을 적용하여야 한다. 리더는 이렇게 교육훈련에서 리더십을 발휘하여 조직의 최대 목적인 전쟁의 승리를 달성할 수 있도록 해야 한다.

(2) 교육훈련 리더십 실천

군에서 리더는 전투원이자 관리자이며 교육자이다. 따라서 리더는 부대의 교육훈련에 많은 관심을 가져야 하며 이를 통해 부대의 전투력을 창출해야 한다. '손자가 부대의 기강을 교육훈련을 통해서 세웠다.'는 고사에서 알 수 있듯이 군대의 기강은 교육훈련에서 비롯된다. 교육훈련이 잘 된 부대는 부대의 기강이 높을 뿐만 아니라 전투력 수준 또한 높다.

리더는 교육훈련에 있어 엄격해야 한다. 교육훈련은 전시를 대비하는 것이며 승리를 보장하는 것이다. 이는 군의 제1 목표이자 리더의 사명이다. 실전 같은

50) 새로 창설된 부대가 상급부대 통제 하에 표준화된 단계별 훈련을 실시하여 편제표상에 부여된 임무와 기능을 수행할 수 있도록 훈련하는 제도

51) 이는 북한의 국지도발과 인도차이나 반도의 공산화, 주한미군 철수 등이 영향을 미쳤다.

52) 임무의 우선순위를 반영하여 필수훈련과업을 우선적으로 훈련함으로써 상시 전투준비태세를 유지하도록 하는 현재 육군의 모든 부대에 적용되는 부대훈련제도

교육훈련을 실시하여 전투력에 추호도 빈틈이 없어야 한다. '평시의 땀 한 방울이 전시의 피 한 방울'이라는 사실을 일깨우며 실전적인 훈련을 진행해야 한다.

군대의 교육훈련은 반복 숙달이다. 특히 병사들 복무기간의 단축으로 인해 병력 교체 주기가 점점 빨라지는 점과 사람의 일반적인 망각 주기도 고려되어야 한다. 따라서 리더는 한 번 교육으로 만족하지 말고 교체 주기에 따라 교육훈련을 반복해야 한다. 그래야 상시 부대의 전투준비태세가 완비된다.

다음 지휘관(자)는 자신이 교육한 내용에 대해 부하들이 모두 이해하고 실천할 수 있으리라는 환상을 가지면 안 된다. 리더가 100을 말했으면 조직원은 10 정도 알고 있으리라 판단하면 된다. 이러한 현상은 군조직의 특성으로 인해 나타나는 것으로 반복교육과 더불어 확인과 점검의 중요성을 대변한다.

아무리 작은 부대의 리더라 하더라도 팀 단위의 훈련을 강화하고 스스로 단결하고 뭉칠 수 있도록 훈련 여건을 조성해야 한다. 이들은 전장에서 한 팀이 되어 임무를 수행하는 동료들이다. 평시에 갈고 닦은 실력과 통합력이 전장에서 팀정신으로 실현될 것이다.

리더는 항상 싸워 이길 수 있는 기풍을 조성해야 한다. 전쟁에서의 승리는 교육훈련으로부터 나온다. 리더가 교육훈련을 아무리 강하고 혹독하게 해도 불평불만 하는 조직원은 없다. 이는 조직원들이 먼저 리더의 의도를 읽고 행동하기 때문이다. 왜 평시의 교육훈련이 얼마만큼 중요한 가는 부하들도 잘 알고 있다.

라. 생활관 리더십[53)]

(1) 병영생활

군의 존재 목적은 외부의 군사적 위협과 침략으로부터 국민의 생명과 재산을 보호하는 것이다. 군은 사회의 일반 조직과는 달리 부여된 임무를 절대적으로 완수해야 하며 이를 위해 절대적인 복종이 요구되는 조직이다. 또한 평시 국민의 자재로 구성된 병영은 국민교육의 도장으로써의 역할을 수행하여 장병들에게 민주시민 자질을 배양하는 교육의 장이 되어야 한다.

하지만 단체생활을 하는 병영생활은 여러 가지 측면에서 문제점을 노출한다. 병사들은 우선 심리적으로 불안과 긴장감을 내재하고 있다. 따라서 사고와 행동이 수동적이며 소극적이다. 엄격한 규정을 따라야 하는 병영의 규율적인 생

53) 대한민국 부사관 총연맹(2007), 『인간 중심의 리더십』, 99~107쪽 재정리

활을 강제적인 체계로 받아들이기도 한다. 이러한 심리적 구조 하에서 개인 스스로 또는 구성원 간 갈등과 마찰이 발생할 수 있다.

주거 측면에서는 집단생활을 유지하며 외부와 차단된 생활을 유지하고 있다. 비록 일과시간 외에는 핸드폰을 사용하고는 있지만 자신이 원하는 정보나 소식으로부터 차단되어 있고 사생활은 보장받기가 어렵다. 병사들은 이러한 주거 환경 속에서 부대의 목표 달성을 위해 요구되는 가치와 행동관을 형성해 나가야 하며 이 과정에서 상호 간 갈등이나 마찰이 발생할 수 있다.

임무수행은 크게 전투준비와 교육훈련 그리고 일반 업무 등이 있다. 임무는 리더의 통제에 따라 일사분란하게 진행되며 속도와 정확성을 요구한다. 하지만 임무는 비교적 단순하고 반복적인 시스템으로 진행됨으로 해서 나태와 형식적으로 흐르기 쉽다.

군 문화는 국가와 민족의식의 고양, 권위와 질서의 존중, 단체생활과 협동 등의 건설적인 측면과 획일주의와 형식주의적 성향 등 부정적인 측면이 공존하고 있다.

의식 수준에 있어서는 사회변화에 따라 큰 변화를 보이고 있다. 사회의 급속한 발전과 경제성장에 따라 장병들의 교육 수준과 의식 수준은 예전에 비해 크게 향상되었다. 인간의 존엄성, 안전 문화, 존중과 배려, 소통과 화합, 임무형지휘 등의 선진적 문화가 형성되어 있고 점차 자리를 잡아가고 있다. 이에 따라 리더의 임무수행 측면에 있어 새로운 접근과 방법이 요구되는 시점이다.

(2) 생활관 리더십 실천

리더십 이론이나 기술에 정통했다하는 것과 리더십을 완벽히 실현하다는 것은 전혀 다른 문제이다. 리더십은 실천이다. 진정한 리더십은 조직의 현실과 리더의 비전속에서 발현된다. 따라서 리더는 이론을 바탕으로 한 지속적 실천과 노력을 병행해야 한다.

합리성이 결여된 병영은 많은 조직의 임무 달성에 문제점을 노출시킨다. 조직원 상호 간의 불신과 반목, 사건과 사고 등은 조직의 사기에 영향을 미친다. 따라서 리더는 적절한 규정과 방침을 적용하여 생활관 생활을 이끌어야 한다.

이를 위해 리더는 부대 관리를 해야 한다. 부대 관리란 부대의 임무를 완수하기 위해 인원, 장비, 물자, 예산 및 시간을 경제적이고 효율적으로 활용하는 과정이다. 생활관 생활에서 부대 관리는 리더의 중요한 책무 중의 하나이다. 리더는 부대 내의 제반 구성요소를 합리적이고 내실 있게 관리하여 안정적인 부대를 운용해야만 기본임무에 전념할 수 있다.

리더가 부대 관리를 함에 있어 모든 문제를 대화를 통한 의견수렴과 민주적이고 합리적인 절차에 의해서 진행하여야 건전한 병영풍토를 조성하고 사기가 충천한 병영생활을 만들 수 있다. 안정적인 부대 관리를 위해서는 다음과 같은 점에 관심을 두어야 한다.

첫째, 부대진단이다. 부대진단은 부대의 전반적인 실상을 파악하여 조치하기 위한 부대 관리의 기본이다. 리더가 입체적인 신상파악을 기본으로 하여 부대의 환경적 요소를 고려하여 다양한 방법으로 진행하여야 한다. 진단은 상급 부대나 외부의 전문기관에서 객관적 입장에서 진행하는 외부 진단과 리더가 자신의 조직을 점검하는 내부 진단이 있다.

내부 진단은 리더가 설문, 확인 점검, 교육 등 다양한 방법을 통하여 점검표를 작성하여 실시하고 장점은 살리고 취약점은 계획을 수립 보완해야 한다. 이는 부대 목표를 수립하는 데 참고하며, 리더 교체 시 인수인계 사항이기도 하다.

둘째, 병력관리이다. 부대 관리의 핵심이 병력관리이다. 이를 위해서 입체적 기법을 통한 신상파악과 관리가 필수적이다. 신상파악은 관찰과 면담, 사적인 관계, 각종 기록, 인접 동료나 간부의 조언, 기타 자료 등을 통해 파악 문제점을 도출 해결하고 자신의 능력을 초과하는 경우에는 보고하고 조치를 받아야 한다.

관심을 갖고 보호를 해야 할 조직원이 있다면 의사소통이 활성화될 수 있도록 하여야 하며, 관심과 배려를 해야 한다. 조직원 전원에게도 주기적인 인성교육과 공동체 교육을 통하여 '우리는 하나다'라는 의식을 심어주고, 함께 목표를 향할 수 있도록 교육해야 한다.

셋째, 위험예지 및 안전관리이다. 위험예지는 부대 활동간 예상되는 위험을 미리 알고 확인하여 조치하는 것이다. 리더가 스스로 불완전한 상황을 예견하여 조치하고, 조직원도 위험예지 능력이 향상될 수 있도록 항상 묻고 토의하여야 한다. 이는 병영의 사고를 예방할 수 있는 첩경이 된다.

특히 안전의식을 강화하여 불완전한 요소는 사전에 근본적으로 제거하는 습성을 갖추어야 한다. 사고를 예방하기 위해서는 각종 발간된 지침서를 탐독하고 규정을 준수해야 하며, 불완전한 요소의 싹을 먼저 잘라내야 한다. 또한 리더와 더불어 조직원 각자의 노력이 결합하여 나올 수 있는 효과적인 시스템을 구축하여야 한다.

넷째, 장비, 물자, 시설관리이다. 부대의 장비와 물자 및 시설은 국민의 세금으로 만들어진 귀중한 사산이다. 이는 평시의 안전사고와 적시적인 활용뿐만 아니라 전시를 대비하여 항상 사용가능하도록 유지되어야 한다.

장비와 물자는 년 중 수립된 예방정비와 계획 정비에 의해 주기적인 정비가 이루어진다. 리더는 장비와 물자에 대한 정비 주기를 준수하고 철저한 관리를 통해 수명을 연장하여야 한다. 조직원에 대한 물자와 장비의 애호정신도 평소 교육하여 상시 기능이 유지될 수 있도록 해야 한다.

시설은 장병 복지의 기본이며 시설관리의 중점은 안전이다. 시설별 관리자를 임명하고 안전조치가 소홀하지 않도록 항상 주기적인 점검과 보수를 병행하여야 한다. 시설의 안전대책 요소인 소화기나 비상구, 기타 전기의 누전 여부, 수재에 의한 피해 여부 등이 중점 확인 사항이다. 시설은 응급상황 발생 시 대피 계획이 수립되어야 한다.

다섯째, 기타 문제로 보안과 예산, 환경 문제를 수 있겠다. 군에서 보안은 생명처럼 여긴다. 특히 정보통신의 발달로 인한 보안의 중요성도 더욱 높아지고 있다. 보안의 핵심은 보안 규정을 준수하고 매일 일일보안을 생활화하여 임무의 마무리는 일일보안결산으로 종료되도록 해야 한다. 휴가나 외박 시에도 철저한 교육으로 보안 누설이 발생하지 않도록 해야 한다.

예산은 금액의 많고 적음을 떠나 국민의 세금으로 만들어진 것인 만큼 항상 투명하고 세목에 맞게 집행되어야 한다. 예산에 있어 부정과 비리가 있다면 이는 치명적인 리더십(지휘력) 상실을 의미한다. 항상 부대 예산은 합법적인 범위 내에서 집행되어야 한다.

마지막으로 환경보존은 국민의 군대로서. 민주시민의 한 사람으로서 관심을 유지해야 할 분야이다. 우리 군은 주로 청정지역에 위치하고 있다. 평소 병영 생활과 훈련 중에 자연이 훼손되지 않도록 유념해야 하고 조직원에게도 지속적인 교육이 이루어져야 한다.

이렇듯 병영생활에서의 철저한 계획과 확인 그리고 실행은 리더가 조직의 목표를 달성하고 조직의 발전을 기하는데 무엇보다도 중요한 바탕이 된다. 따라서 리더는 병영생활에 대한 철저한 준비와 연구를 바탕으로 한 실행으로 조직의 안정과 발전을 기해야 한다.

인생은 부메랑 게임이다. 우리의 생각과 말 그리고 행동은 빠르고 늦음의 차이는 있을지언정 놀랄 만큼 정확히 자신에게 되돌아온다.

– Florence S. Shinn

⁂ **수시평가(과제평가) 17차 :** 작성 후 절취선을 따라 분리 제출하시오.

❒ 다음 사고사례를 읽어 보세요.

00년 5월 00사단에서 근무 중인 일병 000는 부모 이혼 이후 모친 슬하에서 외동아들로 성장하다가 군에 입대하였다. 하지만 000일병은 체격이 비대하고 동작이 느리다는 이유로 선임병들로부터 잦은 폭언과 질책을 당해오고 있었다. 분대장을 비롯한 간부들은 이 사실을 알지 못하였고, 중대의 병력관리 회의에서도 이 사실은 언급되지 않았다.

결국 폭언과 질책을 견디다 못한 000일병은 자기 동기에게 '곧 부대를 탈영하겠다.'고 말했다는 보고를 받았다.

❒ 사고의 원인분석 및 문제점과 조치요령을 발표하세요.

원인분석 / 문제점

조치 / 행동

2. 전장 리더십

가. 전장 환경의 이해

(1) 전장과 전장 환경

(가) 전장

전장은 교전과 전투가 전개되고 있거나 이와 직·간접적으로 관련되어 다양한 형태의 마찰이 진행되는 공간으로, 극도의 공포와 불안, 육체적 피로와 고통이 수반되는 생과 사의 갈림길이 공존하는 곳이다. 전장은 작전을 수행하는 공간이자 전투가 진행되는 현장으로 이성만으로 대처하기에는 많은 제약이 따른다.

따라서 이러한 전장은 개인의 생사를 가늠할 수 없는 불확실성과 위험이 지배하고 있으며 각개의 전투원은 끊임없이 마찰과 고통의 영역에서 활동하고 있는 것이다. 이 과정에서 각개 전투원의 심리 상태는 초조와 불안, 공포에 휩싸여 있으며 전장 스트레스와 공포가 발생하기 마련이다.

하지만 상기한 상황 하에도 불구하고 어느 부대이든지 지휘관의 지시에 의거 여하히 부여된 임무를 완수하고 승리를 쟁취해야만 한다. 다시 말해 전장에서 전투행위로 인하여 수반되는 끊임없는 마찰과 고통을 감내하고 이겨내야 한다. 그래야 빛나는 승리를 쟁취할 수 있는 것이다.

과거의 전쟁을 돌이켜 보면 전장의 모습은 1차원적이었다. 지휘관의 신호기나 북소리 또는 나팔 소리에 의해 전진하고 후퇴하며 전투를 치렀다. 하지만 현대의 전장은 예전의 전장이 아니다. 전장은 이제 아무리 소부대 지휘자라 하더라도 디지털 장비를 운용하고 있으며, 무기체계의 발전으로 인하여 그 파괴력의 강도는 이루 형언할 수 없을 만큼 강대해졌다. 이로 인해 전장에 임하는 전투원들의 스트레스와 공포는 이전에 비하여 더욱 비대해졌다. 더욱이 난무하는 전장 정보들은 오히려 적확한 판단을 하는 데 방해가 될 정도로 넘쳐난다.

이러한 전장 상황의 변화는 이전과는 다른 리더십을 요구하고 있다. 변화하는 전장 환경에 따라 새로운 리더십을 개발하고 적용하지 않으면 승리를 달성할 수 없다. 따라서 전장 환경에 능동적으로 적응하면서 새로운 지휘기법의 개발로 변화하는 전장 환경에서 승리를 달성할 수 있도록 노력해야 할 것이다.

(나) 전장 환경

유기체적인 메커니즘(mechanism)을 지닌 전장은 시시각각(時時刻刻)으로 변화한다. 이러한 전장을 '어떻게 통제하고 극복하고 통제하느냐?' 하는 것이 리더의 주 관심사가 되며 전장의 성패와 관련이 깊다.

전장은 평시의 일반적 상황과는 다른 환경을 구성한다. 평시의 평온한 공간이 전시에는 전투원에게 삶과 죽음이 교차하는 공간으로 변모한다. 생물체인 전투원은 환경의 영향에 따라 전장 환경의 특성으로 인해 평시 같으면 정상적으로 처리될 것도 전혀 엉뚱한 결과로 나타나기도 한다.

전장 환경의 범위도 1차원적인 지상이나 해상에서 공중 그리고 심해나 우주에까지 최근에는 사이버 영역으로 확대되면서 전장 환경의 복잡성과 다양성을 더해주고 있다. 전장의 리더들은 이제 이러한 전장 환경을 작전환경에 맞도록 이용하고 통제하면서 극복할 수 있는 능력을 배양해야만 한다.

이러한 전장 환경에 영향을 주는 요소로 여러 가지를 언급할 수 있지만 주 영향을 미칠 수 있는 것으로 지형과 기상(자연환경), 적의 의도와 활동, 군사기술과 무기체계, 언론매체와 민간요소 등을 언급할 수 있다.

전장 환경 구성요소

□ 지형과 기상(자연환경)	□ 적의 의도와 활동
□ 군사기술과 무기체계	□ 언론매체와 민간요소

1) 지형과 기상

전장 환경은 작전지역을 둘러싼 지형과 기상이다. 작전이 전개되는 지역은 우리가 생각하는 일반적인 고지나 평지 외에도 사막이나 열대우림, 바다, 우주, 빙하 지역 등 다양한 지역을 망라한다. 이러한 지역들은 다양한 기후에 의해 형성된 지역이다.

기상은 기온이나 강우, 안개, 강설, 바람, 야음 등을 포함한다. 기오는 섭씨 영하 수십 도의 추위에서부터 영상 4·50도 내외의 더위까지 분포하고 있으며 강우와 안개, 야음 등은 기동과 관측에 지대한 영향을 미친다.

이러한 지형과 기상은 전투원의 육체적 피로와 고통을 가중하고 전투의지를 저하시키며 전투 능력을 감소시키는 결과를 초래한다.

2) 적의 의도와 활동

전투는 피아 의지의 충돌이다. 적은 직접 교전이나 기습 또는 심리전 등을 이용하여 우리의 의지와 심리적 균형을 와해시키고 전투력을 파괴한다. 이러한 적의 의도와 활동을 파악하여 적절하게 대처하지 못한다면 아군의 계획과 작전은 실패할 것이다. 따라서 적의 의도와 활동을 파악하여 거부하면서 적의 의지대로 전투가 진행되지 않도록 해야 한다. 전장의 주도권을 확보하여 아군의 의지대로 진행될 수 있도록 노력해야 한다.

3) 군사과학 기술과 무기체계

과학기술과 무기체계의 발전은 전쟁 수행 체계, 전략과 전술, 군 운영시스템 등에 지대한 영향을 미친다. 현대의 무기체계는 혁신적인 발전을 거듭하여 그 정밀도와 치명도가 획기적으로 증가하였다.

이러한 무기체계의 발전은 전장에서의 직접적인 파괴와 살상은 물론 민간인의 대량 살상이라는 측면에서도 가공할 위협으로 다가온다. 또한 전장에서 지휘통제 체계를 단숨에 마비시키며 공포와 공황을 유발하여 건전한 상황판단 능력과 전투의지를 저하시킨다.

4) 언론매체와 민간요소

현대전의 특징 중의 하나가 총력전이다. 총력전은 군사력뿐만이 아니라 한 국가의 경제력, 문화력, 정치력 그리고 국민의 여론 등이 지대한 영향을 미치면서 진행되는 전쟁의 한 형태이다. 전선은 전·후방이 따로 없으며 전쟁은 군인만이 수행하는 것이 아니라 전 국민이 동시에 수행하는 시대이다. 따라서 국민들도 내가 참여하는 전쟁의 정보에 민감하게 반응한다.

현대의 고도로 발달된 언론매체는 이러한 국민들에게 정보를 제공하고 여론을 형성하는 중요한 기능을 수행한다. 언론의 기능에는 순기능과 역기능이 동시에 존재한다. 순기능적인 측면에서는 군과 국민이 하나가 되어 결전의 의지를 다질 수 있는 화합의 장을 마련할 수가 있다.

하지만 역기능적인 측면에서 보면 먼저 군의 사기에 지대한 영향을 미칠 수 있다는 점이다. 다양한 네트워크를 통해 연결된 무분별한 언론의 보도는 군의 작전에 대한 시행착오를 불러일으키기도 하고 군의 사기를 저하시킨다. 또한 국민들에게도 오도된 상황이 잘 못 전파되어 대국민 불안 조성과 군의 신뢰도에 영향을 미칠 수가 있다.

따라서 군의 리더는 전개되는 작전과 상황을 군사적 측면과 더불어 사회적 국제적 관계까지도 고려하는 지혜와 능력이 요구된다고 할 수 있다.

(2) 전장 환경 극복요소

리더는 전장 환경을 구성하는 요소를 극복하고 전승을 달성할 수 있도록 노력해야 한다. 전장 환경을 극복할 수 있는 요소들을 고래의 전사에서 도출해 보면 다음 표와 같이 정리할 수 있다.

전장 환경 극복 요소

□ 정신력	□ 체력
□ 경험	□ 감정

(가) 정신력

우리 군에서 정신전력을 강화하는 것은 북한과의 사상전에 승리하기 위한 것도 있지만 더 본질적인 문제는 '기필코 싸워 이기겠다.'는 필승의 신념을 심어주기 위한 것이다. 인간의 정신력만큼 위대한 것은 없다. 전사를 보았을 때 항상 전투력이 우세한 부대가 승리한 것은 아니었다.

전투력보다 더 크게 작용하는 것이 인간의 의지 즉 싸워 기필코 이기겠다는 신념이었고, 이 신념이 더 크게 작용한 사례가 얼마든지 있다. 이를 두고 Karl Clausewitz는 전쟁론에서 인간의 정신적 요소를 강조하며 "물질이 목재로 만든 칼집이라면 정신은 시퍼런 칼날이다."이라고 갈파하고 있다.

정신력을 강화하는 방법은 확고한 국가관과 안보관을 심어주는 것은 물론이고 "내가 왜 싸워 이겨야 하는가?"하는 당위성을 설득해야 한다. 또한 세부적인 방법으로 강인한 교육훈련과 종교적인 신앙심을 키우는 법 등을 고려할 수 있다.

(나) 체력

전장은 기후와 전투행위로 인하여 전투원들에게 극심한 정신적 육체적 피로와 고통을 요구한다. 더 나아가 쌍방의 대결로 인하여 의지를 실험한다. 따라서 강인한 체력이 전장의 환경을 극복할 수 있는 첩경이 된다.

이러한 전장 환경을 극복하기 위해 리더들은 부하들의 강인한 체력단련에 소홀함이 없도록 노력해야 하며, 적절한 휴식의 보장으로 필요할 때 집중할 수 있는 여건도 보장해야 한다.

(다) 경험

인간에게 가장 훌륭한 스승은 경험이다. 불확실한 전장 환경에서 불안과 공포를 극복하고 나아갈 좌표를 제시할 수 있는 것은 리더가 체험한 직·간접적 경험과 직관이다. 따라서 리더는 평시부터 전장 환경에 대한 경험을 획득할 수 있는 노력을 해야 한다. 직접적으로는 전투에 참가해 보는 것이나 이는 실질적으로 많은 제한을 받는다.

따라서 리더는 간접적으로 전장 환경을 경험할 수 있는 방법으로 교육훈련과 전사 연구 등이 있다. 이를 두고 나폴레옹은 "위대한 장군들의 전쟁사를 읽고 또 읽어서 너의 모델로 하라."고 부하들을 가르치고 있다. 또한 전장 심리에 대한 연구를 통해 '전장에 선 인간'에 대한 이해를 하고 이를 실전에서 활용하는 것도 좋은 방법이 될 수 있다.

(라) 감정

감정은 인간의 행동을 지배하는 요소로 리더는 이들 감정을 조절하는 능력이 필요하다. 공포, 분노, 증오, 전우애 등은 전장 환경에서 표출되는 기본적인 인간의 심리 현상이자 감정들이다. 이러한 감정은 전투에 직접적인 영향을 미치며 사기와도 직결되는 문제이다.

따라서 리더들은 감정을 다스릴 수 있는 통제력을 구비할 수 있도록 수양해야 하며 이성과의 조화를 통해 판단히고 행동할 수 있는 능력을 구비해야 한다.

반면 용기라는 인간의 또 다른 감정을 확대시켜야 한다. 생명체의 위협 앞에 당당히 맞설 수 있는 용기는 군인정신의 대표적인 표본이다. 이러한 용기를 확장할 수 있도록 다양한 노력들이 시행되어야 한다.

나. 전장의 특성과 속성

(1) 전장의 특성

전장 환경의 속성은 보는 사람의 입장에 따라 다양하게 설명될 수 있지만 Karl Clausewitz는 이에 대해 불확실의 영역, 위험의 영역, 우연의 영역, 정신적, 육체적 피로와 고통의 영역이라고 설명하였다.

전장 특성 구성요소

□ 불확실성의 영역	□ 위험의 영역
□ 우연의 영역	□ 피로와 고통의 영역

(가) 불확실성

Karl Clausewitz는 "전투는 불확실성의 영역이다. 전투 중에 지휘관이 취하는 행동의 근거는 그 3/4이 불확실의 안개 속에 잠겨 있다. 진실을 찾기 위해서 날카로운 지성이 요구되는 영역이다."라는 말로 전투 현장의 불확실성을 설명하고 있다.

'전쟁계획은 한 발의 총성과 함께 단지 종이에 불과하다.'는 말이 있다. 이는 전장의 상황이 얼마큼이나 유동적인가를 잘 대변해 주는 문구라 할 수 있다. 전장에서 적에 대해 많은 정보를 수집하고 계획을 수립하여 전투를 개시하지만 막상 전투가 개시되고 나면 많은 것이 계획과 다르게 진행되어 나간다. 이러한 상황은 상대가 있는 게임에서는 언제나 적용되는 일반적인 현상이다.

따라서 전투상황 하의 중대한 결심이나 노력이 사실은 불확실한 정보 하에서 진행되는 경우가 많다. 마치 한 치의 앞도 구별할 수 없는 안개 속을 해치면서 한 발 한발 나가는 모습을 연상하게 한다. 이렇게 전장은 불확실한 상황의 연속이다. 하지만 리더는 불확실한 상황에서 요행만을 바라고 지휘할 수는 없다.

리더는 불확실한 상황을 타개하기 위해 노력해야 하며 당시의 상황에서 최선의 판단을 기할 수 있는 노력을 병행해야 한다. 리더는 부단히 적정에 대한 정보를 기초로 하여 상황을 최신화하고 최선의 방책을 수립할 할 수 있어야 한다.

이는 요행으로 얻을 수 있는 것이 아니다. 그간 리더가 쌓아 올린 군사적 식견과 지식을 바탕으로 현 상황을 타개할 수 있는 해결책을 제시해야 한다. 또한 그간의 직·간접적 군사적 경험을 토대로 현명한 상황판단을 해야 하는 것이다.

(나) 위험성

Karl Clausewitz는 "위험과 모험은 전투의 요소이다. 마치 격류에 뛰어들 듯이 우리의 정신은 이러한 위험의 요소에 뛰어드는 것이다."라고 하면서 전쟁의 특성인 위험에 대해 말했다.

전장은 도처에 위험의 요소가 산재해 있다. 리더를 비롯한 전투원 모두가 생명의 위험을 무릅쓰고 전투를 진행하는 것이다. 전장의 위험성은 전투원들에게 행동의 제약을 가져오며 전투의지를 약화시키고 전투 능률을 저하시키는 원인으로 작용한다. 그렇다고 피할 수도 없는 것이다.

이런 상황에서 리더의 정신력과 행동이 전투원의 전투 의지에 커다란 영향을 미친다. 적극적이며 대담한 리더가 이끄는 부대는 과감한 전투 행동으로 적에게 위협을 주고 승리를 달성할 수 있으나 반대로 소심하고 전장의 위험에 굴복한 리더가 이끄는 부대는 적에게 압도당하고 말 것이다. 따라서 위험에 대처하는 리더의 태도가 승패를 좌우한다고 할 수 있는 것이다.

따라서 리더는 위험에 담대해질 수 있는 용기를 부단히 확장해야 한다. 이러한 용기를 확장시키는 방법은 우선 정신적 용기가 앞서야 할 것이다. 종교 등을 통해서 육체적 위험을 초월하는 모습을 보이며 위험한 곳에 먼저 위치하여 부하들과 위험을 함께하는 모습 등은 부하들에게 용기와 믿음을 줄 것이다. 이렇게 솔선수범하여 부대원들을 전승으로 이끄는 것이 리더의 진정한 모습이라 할 수 있다.

(다) 우연성

전장은 자신의 의도와는 다른 방향으로 전개되는 경우가 허다하다. 쌍방의 의지의 대결에서 아무리 훌륭한 계획이라 하더라도 적은 순식간에 이를 무용지물로 만들어 버린다. 여기에 우리 자체의 문제도 있다. 급변하는 작전환경과 지휘관 간의 갈등, 명령에 대한 오해와 목표와 현실 간의 괴리 등에서 발생하는 인간적인 갈등도 우연성을 키우는 요소로 작용된다.

여기에 우리가 예측하지 못한 지형과 기상 등은 작전의 기본적인 가변요소들이다. 이는 전장 환경 요소에서 이미 살펴보았다. 또한 군수품의 보급 등을 비롯한 여러 요소들이 전장의 우연성을 가속화시킨다.

전장의 우연성은 참으로 우연적인 경우가 많다. 예를 들어 전진하는 과정에 누가 먼저 발견하고 방아쇠를 당길 것인가? 하는 것은 우연이다. 그렇지만 여기에도 과학과 법칙이 숨겨져 있다. 기동 간에 교육훈련에서 습득한 대로 전진하고 은폐와 엄폐를 반복한다면 적에게 발견된 확률은 그 만큼 적어질 것이고, 사격을 제대로 익힌 전투원이라면 한 발에 상황을 종료시킬 수 있을 것이다. 따라서 전장에서 이 우연이라고 하는 요소를 극복할 수 있는 방안은 평소의 강도 높은 교육훈련과 현장성에서 극복할 수 있다.

리더는 다양한 전장의 우발상황에 대처할 수 있도록 계획을 수립하여 우연에 대비할 수 있도록 하고 고려하지 못한 상황이 발생할 때마다 적절한 조치를 취할 수 있는 역량을 구비해야 한다.

(라) 피로와 고통

Karl Clausewitz는 "전투는 육체적 피로와 고통의 영역이다. 만약 지휘관이 이러한 전투의 특성에 압도되지 않으려면 그는 선천적이든 후천적이든 육체적, 정신적 강인성을 갖고 있지 않으면 안 된다."라고 하면서, 이를 극복하기 위해 강인성의 구비를 강조하였다.

전장의 전투원은 급변하는 전투상황 속에서 정신적 육체적 고통과 더불어 피로를 겪게 된다. 이는 전투원의 전투능률을 저하시키는 원인이 된다. 장거리 행군과 경계근무, 적진에서의 기동 정보활동 등 전장에서 움직이는 하나하나가 모두 피로와 고통과 연결되어 있다.

또한 피로와 고통은 이는 전투원 모두가 겪는 현상으로 리더도 예외는 없다. 손자병법 군쟁편에 '以佚待勞(이일대로)'[54]라고 기록되어 있듯이 전장에서 상대를 편히 쉬도록 놓아두지 않는다. 다양한 수단을 동원하여 상대를 피로하게 하고 나의 힘은 비축하여 필요할 때 집중하는 것이다.

따라서 전장의 리더는 작전을 고려하여 전투와 휴식을 조화롭게 해야 하며 리더 자신도 강인한 체력과 정신력으로 전장의 피로와 고통을 극복해야 결국은 건전한 판단과 조치들을 취할 수 있는 것이다.

(2) 전장 특성의 극복

(가) 군사적 식견 견지

특성에서 알아본 바와 같이 전쟁과 전투는 한 치의 앞도 내다보기 어려운 상황 속에서 육체적·정신적 고통을 수반해가면서 위험의 영역에서 진행된다고 하였다. 이를 근본적으로 극복하기 위한 방법으로 리더는 무엇보다도 군사적 식견에서 앞서야 한다.

아무리 계획치 않은 우연과 마주치더라고 당황하지 않고 조치할 수 있는 군

---

54) 以近待遠, 以佚待勞, 以飽待飢, 此治力者也. 가까운 곳에서 먼 길을 오는 적을 기다리고, 편안함으로 적이 피로해지기를 기다리며, 배불리 먹고 나서 적이 배고프기를 기다리니, 이것이 힘을 다스리는 방법이다.

사적 식견의 배양이야말로 리더로서 마땅히 갖추어야 할 도리인 것이다. 이를 바탕으로 리더는 부대의 중심이 되고, 부대원들을 우연과 위험의 늪에서 이끌고 나갈 수 있는 지주가 되는 것이다.

(나) 리더로서의 위치 확보

리더의 군사적 식견이 아무리 높다 하더라도 부대원들로부터 신뢰와 존경을 받지 않으면 따르지 않는다. 리더는 평시부터 리더로서의 자질을 연마하고 수양에 힘써야 한다.

힘들고 어려운 일 일수록 먼저 솔선하고 고통스럽고 위험이 수반되는 일 일수록 수범해야 한다. 이를 위해 리더는 정신적으로 고결함과 도덕적 용기를 갖추어야 하며, 육체적으로도 뛰어난 체력을 겸비해야 한다.

(다) 필승의 부대 전통 유지

세상을 살면서 위험에 처하면 처할수록, 험난에 부딪히면 부딪힐수록 빛나고 의지할 수 있는 것은 전통이다. 전장에서 부대의 전통 또한 그렇다. '싸우면 항상 승리하는 부대'의 전통은 전투의 긴박하고 어려운 상황 속에서 위기를 극복하고 승리할 수 있는 원동력이 된다.

이를 위해 리더는 평시부터 부대의 전통을 수립하는 데 전념해야 한다. 지휘관들은 간부교육과 훈련을 통해 동일한 전술관을 공유하고, 임무형 지휘를 통해 독단능력을 강화해야 한다. 부대원들은 상하가 어울려 동일한 목표를 향하는 부대 분위기를 조성하도록 노력하여야 한다.

(3) 전투의 속성55)

(가) 마찰

Karl Clausewitz는 "전투 시 이루 다 어림할 수 없이 많고 하찮은 사건의 발생으로 제반 계획이 늦어지고 본래의 목표에 차질이 생기게 된다."라고 전투 현장을 설명하였다. 전투는 의지력을 갖고 있는 쌍방 간의 행동이 충돌하는 것이며, 이 과정에서 마찰이 나타난다.

이러한 전장 마찰에는 기동 마찰과 화력 마찰이 대표적이다. 그 이외에 기상조건, 지형의 원근(遠近)이나 험준(險峻) 등에 의한 지형 마찰이 있다. 마찰은 아군의 계획적인 전투를 방해하거나 불가능하게 만드는 저항과 혼란을 가져오며,

55) 육군 교육사령부(2011), 『전장리더십』, 16-18쪽

아군이 수행하고 있는 전투를 방해하고 때로는 불가능하게 만들기도 한다.

전투의 마찰적 요인을 극복하기 위해서는 전장의 특성을 이해하고 사전에 각종 난관을 예상하여 급변하는 상황에 적절히 대처할 수 있는 능력을 갖추어야 한다. 리더들은 마찰을 극복하는 최선의 방법이 결국은 부단한 훈련을 통해서 얻어지는 결과물이라는 것을 명심하고 평시부터 교육훈련에 매진해야 한다.

(나) 상대성

전투는 쌍방 간의 싸움이므로 반드시 상대가 존재한다. 상호 적대적인 쌍방의 힘의 충돌인 것이다. 상대성이라는 것은 아군의 전투력이 한정된 시간과 공간에서 상대하고 있는 적과 어떠한 함수관계로 작용하는가 하는 역학적 측면을 말한다. 전술 제대가 모든 시간과 공간 그리고 대적하고 있는 적보다 항상 우세한 전투력을 보유할 수는 없다.

따라서 상대적인 전투력의 우세를 달성하는 술을 구사하는 능력을 보유해야 한다. 전승의 요체는 결정적인 시간과 장소에서 전투력의 상대적 우위를 달성하는 데 있다. 이러한 상대적 전투력의 우세는 결국은 전투력의 양적 우세를 의미한다. 결정적인 시간과 장소에서 적보다 전투력의 상대적 우위를 달성하기 위한 기법으로 기습과 기동 등이 많이 활용된다.

(다) 유동성

전투는 끊임없이 변화하는 상황 속에서 전개된다. 유기체와도 같다. 전투의 유동성은 상대성과도 밀접하게 연관되어 있다. 어떤 상황에서 적보다 상대적인 우위를 확보했더라도 그 우세를 계속하여 유지할 수 있는 것은 아니다.

이러한 유동성을 고려하여 최초 계획에 집착해서는 안 되며 전투상황의 흐름을 잘 파악하여 변화하는 상황 속에서 적으로 하여금 아군의 의도대로 행동하도록 강요하는 여건을 조성하는데 주안을 두어야 한다.

이는 용병술체계에서 전술은 작전술의 목적에 부합하도록 하고 작전술은 전수의 목적에 부합하도록 전투를 진행하는 것과 같은 이치로 상급 부대의 목적에 부합하도록 전투를 전개하는 것이며 상급 지휘관의 의도를 명찰하는 것이기도 한다.

리더는 바로 이러한 전장의 이치를 바라보는 혜안을 필요로 한다.

다. 전장 심리 현상과 극복

(1) 전장 심리 현상

(가) 평시 상황과 전투 상황의 비교[56)]

전장은 지역과 기후의 특성에 의한 생소함은 물론이고 상대와의 관계에서도 평시와는 전혀 다른 상황이 전개되는 공간이다. 전투 시에는 불확실성과 위험성, 인간의 정신적·육체적 피로와 고통, 우연이라는 전쟁의 속성이 마찰, 유동성, 상대성이 전투의 특색으로 뒤얽혀져 나타난다. 전투원은 이 상황에서 다양한 갈등과 마찰로 자신의 한계를 경험하며 생명의 위험을 느낀다.

이러한 상황에서 전투원은 하나의 유기체로서 평시와는 전혀 다른 특성들이 표출된다. 사소한 자연현상에서도 운명을 직감하며 자신과 연결시켜 보는가 하면, 지각능력이 저하되어 평소에도 능숙하게 처리하던 것들에 어려움을 느낀다. 또한 공격적인 정신상태가 조직 내의 유대를 방해한다.

따라서 리더는 전장에서 전투원의 심리 변화를 이해하고 승리를 담보해야 한다. 평시와 전시 전투원의 심리 상황과 리더십의 형태는 표에서와 같다.

평시와 전투상황의 심리

구분	평시상황	전투상황
목표	임무수행(행정, 교육훈련)	임무수행(전투)
심리	정상	이상흥분
행동	이성	본능
	이기적	이타적(전우애)
욕구	자기실현욕구	안전, 생리적 욕구
사기	복무의욕	전투의지
군기	일반군기(경형)	전장군기(중형)
통솔	민주, 권위형	권위형
명령에 대한 수용권	제한	무제한(절대복종)
지휘관 역할	일상적	치명적

자료 : 최병순(1999), "한국군에서의 효과적인 지휘행동: 49쪽

56) 박유진 외(2016), 『군리더십의 이해와 개발』, 211쪽

(나) 전장 심리[57)]

전장 상황은 지속적으로 변화하면서 전투원으로 하여금 육체적 피로와 고통뿐만 아니라 직접적인 생명의 위협도 가한다. 이러한 전장 상황은 인간의 심리가 정상적으로 작동되지 못하도록 하며 오히려 비정상적인 행동을 유발하게끔 한다. 이렇게 전장에 선 인간의 정신세계를 연구하는 분야가 바로 전장 심리학이며, 이는 근세기에 이르러 인류가 대규모 전쟁을 경험하면서 발전하기 시작하였다.

벙커 심리(bunker mentality)란 경제용어가 있다. 이는 전장에서 포탄이 쏟아질 때 위험하게 머리를 내밀지 않고 사태가 진정될 때까지 기다리는 것과 같은 소극적인 투자 행태를 일컫는 말이다. 이렇듯 전장에서는 평상시에 나타나지 않는 다양한 형태의 행동들이 표출된다. 이는 전장의 심리로 인하여 유발되는 행동이라 할 수 있다.

전장 심리는 전투원들의 전투 현장에서 직면하게 되는 과도한 스트레스와 공포로 인하여 전장 특유의 심리 상태가 발생하여 나타나는 현상이다. 이러한 전장 심리는 적절한 정도에서는 전투 효율성이나 능률에 큰 문제가 없으나 민감하게 반응하면 정상적인 전투 활동을 방해하게 된다.

전투 현장에서는 다양한 심리 현상이 표출되며 이는 전투원들의 전투의지에 직·간접적으로 영향을 미친다. 따라서 이러한 심리 현상을 어떻게 안정시키고 전투원들이 전투 현장에서 본연의 임무를 수행하게 할 것인가가 전장 심리 연구의 주된 목적이라 할 것이다.

전장에서 나타날 수 있는 다양한 형태의 심리 현상은 아래의 표에서 정리한 바와 같다.

전장에서 나타나는 심리 현상

□ 불안과 공포	□ 공황
□ 가치기준의 하락	□ 유언비어
□ 동화의식의 확산	□ 지각능력의 저하
□ 전투스트레스	

57) 육군 교육사령부(2011), 상게서, 30~31쪽

(다) 전투 초기 비정상 행동

전투 초기에 발생하는 부정적, 비효율적인 행동유형을 정리하며 아래의 표 바와 같다.[58] 이러한 행동은 개인차가 있지만 공포가 극복되면서 점차 정상적인 행동으로 복귀하게 된다. 사전 교육과 더불어 이런 현상이 발생하더라도 조기에 극복할 수 있는 강력한 통제와 더불어 격려와 위로가 필요하다.

전투초기에 발생하는 부정적, 비효율적인 행동 유형

□ 공포를 극복하지 못하고 전장 이탈
□ 전장 이탈은 하지 않으나 심리적으로 위축
⇨ 벙커나 참호 속에 은신하거나 은폐
⇨ 접근하는 적에게 정확한 사격을 못하거나 사격 포기
⇨ 신체적 경직 / 움직이지 못함
⇨ 집총, 착검, 수류탄 투척 준비를 제대로 못함
⇨ 위치 이동 명령을 수행하지 못함
□ 전투 기피
⇨ 무기의 방치, 망실 또는 파손
⇨ 보급품의 운반, 전우의 부상을 돕는 체 하며 전투 회피
⇨ 자기 위치 노출 우려 결정적인 표적에 대한 사격 포기
⇨ 탄약 은닉, 고의적으로 무기 고장 발생
⇨ 가벼운 질병을 큰 병으로 과장하거나 꾀병으로 전투 기피
□ 과도한 방어 반응 및 과민반응
⇨ 적이 후퇴해도 계속 사격, 야간에 나무토막이나 돌을 보고 사격
□ 정신 신경계통의 불안정
⇨ 무기를 꽉 잡거나 벌벌 떨며 눈을 감고 사격
⇨ 주저앉아서 소리 내어 울거나 고함침
⇨ 심한 경련, 전율 등 정신신경계통의 질환 발생

(2) 전장 심리 극복 대책[59]

(가) 불안과 공포

1) 발생 원인

불안은 마음이 편하지 아니하고 조마조마함이며, 공포는 어떤 위험이 예견

58) 대한민국 부사관 총연맹(2007), 상게서, 186~187쪽

59) 대한민국 부사관 총연맹(2007), 상게서, 172~180쪽

되거나 직면할 때 자신의 능력으로는 감당하기가 어렵다는 것을 감지할 때 나타나는 위축된 감정 상태이다. 불안과 공포는 평시와는 다른 극단적인 전장 상황에서 가장 일반적으로 나타날 수 있는 심리 현상 중의 하나이다.

전투원이 품는 이러한 불안과 공포의 원인은 전투 그 자체와 전투에서의 패배보다 자신의 죽음이나 부상, 무기 및 탄약의 부족, 예기치 못한 적의 기습에 더욱 크게 기인하고 있는 것으로 밝혀졌다. 예로 소수의 적에 의한 기습에도 제대로 대처하지 못하고 우왕좌왕하는 것도 바로 심리적 균형이 파괴되었기 때문이라 할 수 있다. 또한 삶에 대한 애착이 크면 클수록 느끼는 불안과 공포도 비례하는 것으로 밝혀졌다.

이러한 공포를 경험하는 시기는 주로 전투 전이 가장 높다. 대략 60%의 전투원이 전투 전에 공포를 갖는 것으로 연구되고 있으며 다음이 전투 중으로 약 26% 전투원, 마지막이 전투(11% 전투원) 후이다. 전장 공포가 야기하는 부정적 행동은 표에서 보는 바와 같이 전장 군기를 문란하게 하고 심지어는 스스로 생명을 버리는 심각한 상황으로 발전할 수 있다.

전장 공포로 인해 발생하는 행동의 유형

구분	계	몸 숨김	명령 불복종	기절	전장 이탈	자살	기타
인원 (%)	240 (100)	110 (45.8)	43 (17.9)	20 (8.3)	17 (7.0)	7 (2.9)	43 (17.9)

자료 : 최병순(2014), 군 리더십, 215쪽

2) 극복 방안

공포는 전투 시가 아니더라도 생명체라면 언제나 느낄 수 있는 감정으로 불안과 공포를 애초에 제거할 수는 없다. 따라서 상황에 대처하는 훈련으로 자신감을 배양하고, 서로의 감정을 통하여 불안과 공포의 강도를 줄이도록 해야 한다. 이를 위해서는 평시부터 공포를 유발할 수 있는 환경에 노출되도록 하여 실전과 같이 훈련하고 단련해야 해야 한다. 군에서 실시하는 전장 체험 등이 좋은 예가 될 수 있을 것이다.

전투 참전자를 대상으로 한 전장 공포에 대한 일 연구 결과 전장 공포를 이겨낼 수 있었던 으뜸 요인으로 '지휘관의 자신감'과 '충분한 사전 훈련', '진두지휘', '적 정보 제공', '아군 정보와 격려', '동료에 대한 신뢰감' 순으로 나타났다[60]. 따라서 전장에서의 리더의 의연한 흔들림 없는 진두지휘와 솔선수범, 적에 대한 정확한 정보 등이 효과적으로 전장의 불안과 공포를 극복하게 해주는 것으로 나타났다. 전장에서 공포를 극복하는 방법은 아래의 표와 같다.

전장에서 불안과 공포를 극복하는 방법

□ 공포의 느낌에 대한 공개적인 집단 토의를 실시하라. □ 당면한 사태에 대해 지식과 정보를 알려줘라. □ 침착한 행동과 유머를 사용하여 분위기를 전환하라. □ 끊임없는 활동으로 공포를 억제할 수 있도록 하라. □ 전우 간의 접촉 기회를 많이 갖도록 하라. □ 도덕적, 종교적 신념을 바탕으로 사생관을 확립하도록 하라.

(나) 공황

1) 발생 원인

공황(恐惶)은 전투 현장의 공포, 불안 등이 원인으로 개인의 안전에 영향을 받아 긴장되어 있을 때 어떤 사건이 계기가 되어 발생하며, 발생하기만 하면 즉각적으로 공황으로 전이된다. 주로 적의 기습, 군기 해이, 리더의 부재 등 요인과 기후, 물자 부족, 수면·질병·갈증 등 생리현상으로 발생한다.

공황은 충동적이고 전염성이 강하여 인접 전우들까지 급속히 확산되는 경향이 있으며 이로 인해 부대 전체의 전투력 저하를 가져온다. 공황의 증상은 극도의 이상 흥분상태에서 꼼짝도 하지 않거나 멍하니 서 있거나 전열을 이탈하거나 방향감각 없이 생존을 위해 움직이는 등 비정상적 행동을 보인다.

2) 극복 방안

공황은 극복하는 것보다 공황에 빠지지 않도록 사전 조치하는 것이 더 중요하다. 공황에 빠지지 않기 위해서는 무엇보다도 리더들의 의연한 태도와 조치가 우선되어야 한다. 리더의 당황하지 않는 의연한 자세가 필요하다.

차분하고 의연하게 행동하며 명확하게 지시하는 것 등은 전투원들에게 믿음과 신뢰를 주어 공황에 휩싸이지 않게 하고 설사 공황상태이더라도 정상적인 상황으로 복귀하게 할 수 있다. 공황 억제 극복 방안은 아래 표와 같다.

60) 최병순(2011), 『전장공포 극복 방안』, 61~63쪽

전장에서 공황을 극복하는 방안

- □ 평소 강한 훈련과 사기를 유지하여 자신감을 갖도록 하라.
- □ 의연한 자세를 갖고 리더가 함께하고 있음을 주지하라.
- □ 리더의 진두지휘와 침착성, 용기, 결단으로 위기를 극복하라.
- □ 전투이탈자가 발생하면 즉각 조치하라.

(다) 가치기준의 하락

1) 발생 원인

가치기준(價値基準)은 개인의 주관에 의하여 어떤 대상을 인식하고 평가하는 일정한 태도를 말한다. 가치기준의 하락은 계속되는 패배감이나 자포자기 또는 공포와 불안, 유언비어, 공황 등의 상황 속에서 발생할 확률이 높다. 가치기준이 하락하게 되면 인간의 이성이 사라지고 동물적 감각이 지배하게 되어 다양한 전쟁범죄가 현저하게 증가한다.

흔히 전쟁범죄로 나타나는 것들이 인간의 말초적 욕망인 강간이나 약탈 등이며, 근무 태만이나 명령 불복종 등 군기 해이 현상이다. 가치기준에 의해 발생하는 문제들은 부대의 단결력과 도덕성에 의문을 던지게 하고 전투능률을 하락시키는 등 큰 문제를 야기하게 된다. 심지어는 전투나 전쟁 이후에도 그에 상응하는 처벌을 감수해야 한다.

2) 극복 방안

리더는 가치기준의 하락을 초래하는 부대 내의 공포와 불안, 유언비어 등을 사전에 제거하여 가치기준의 하락을 방지해야 한다.

가치기준의 하락을 극복하는 방안은 다음의 표와 같다.

전장에서 가치기준의 하락을 극복하는 방안

- □ 바람직한 국가관. 가치관 등을 갖도록 지도하라.
- □ 리더가 먼저 건전한 행동과 사고로 판단하고 행동하라.
- □ 법규와 규정과 방침을 교육하고 신상필벌을 강화하라.
- □ 개인과 부대에 대한 자긍심을 교육하고 전우간 단결시켜라.
- □ 불안, 공포, 유언비어, 공황 등의 발생 원인을 제거하라

(라) 유언비어

1) 발생 원인

유언비어(流言蜚語)는 전혀 근거가 없거나 어느 정도 근거가 있더라도 사실을 터무니없이 왜곡, 과장되어 전파되는 출처 미상의 소문을 의미한다. 유언비어는 보도 통제, 언론 통제 등 정상적 의사 정보 체계에서 정보의 유통과 흐름이 제한을 받을 때 자주 발생한다.

전투원들은 자기가 처한 전장 상황과 그 밖의 상황에 대하여 관심이 많으며 가능한 한 많은 정보를 획득하고자 한다. 이는 인간의 정보에 대한 근본적 욕구이기도 하다. 그러나 급변하는 전장 상황은 이러한 전투원의 정보 욕구를 충분하게 충족시킬 수 있는 여건을 제공하지 않는다.

또한 군사작전은 그 특성상 보안을 중히 여긴다. 따라서 전투원들은 자기가 필요한 정도의 정보만이 주어지는 것이 군대의 상식이다. 따라서 전투원은 정보의 욕구와 현실에서 괴리가 발생한다.

이 틈을 유언비어가 파고드는 것이다. 전장에서는 심리전이라 하여 상대 전투원들의 이와 같은 심리를 이용하여 유언비어를 제작하여 상대방의 계획을 수포로 만들기도 하고, 사기를 떨어뜨리기도 한다. 결국 유언비어의 횡횡은 조직과 계획에 대한 심대한 타격을 가한다.

이와 같이 전투 현장에서 유언비어가 발생하는 것은 무엇보다도 기대하는 만큼의 충분한 정보가 제공되지 않기 때문이다. 전투원이 자기 나름의 수단을 통하여 정보를 수집하면서 정보의 부족으로 인한 판단의 미흡이나, 어떤 상황에 대해 일방적으로 확신을 가지면서 유언비어에 현혹된다고 볼 수 있다.

2) 극복 방안

전장의 유언비어는 전투원들의 억압된 욕구불만의 표출이 많은 부분을 차지하고 있다. 이러한 유언비어는 빠르게 전파되며 재확산되기 때문에 이를 믿지 않는 병사들도 오염되기가 쉽다. 따라서 유언비어를 신속하게 차단하고 대처하지 못한다면 계획된 작전이나 사기에 지대한 영향을 미치게 된다.

따라서 리더는 유언비어의 출처를 정확히 파악하여 신속하게 대처해야 하며 전투원의 욕구불만이나 문제점이 있다면 즉시 해결하려는 의지를 가지고 행동해야 한다. 무엇보다도 해당 정보를 수시로 알려주면서 전투원이 유언비어에 현혹되지 않고 임무를 수행할 수 있는 적절한 여건을 마련해 주어야 한다.

전장에서 유언비어를 극복하는 방안

- □ 부하에게 수시로 상황을 알려 주어라.
- □ 장차 임무를 부하에게 알려 주어라.
- □ 불안과 욕구불만의 원인을 파악하여 조치하라.
- □ 유포되고 있는 유언비어는 공개하고 확인시켜라.
- □ 상하 신뢰를 회복하고 부대 활동을 활성화 하라.
- □ 불가능한 사항은 이해와 납득을 시켜라.

(마) 동화의식의 확산

1) 발생 원인

동화(同化)는 질이 서로 다른 것이 감화나 영향을 받아서 동일하게 되는 정신적·물리적 현상이다. 정신적으로는 다른 사람에 의해 전달된 생각이나 신념에 영향을 받아 동화되는 것을 말한다. 인간은 사회적 동물이기 때문에 정신적으로 다른 사람과 함께 하려는 경향이 있다. 그래서 불확실한 전장의 환경 속에서는 더더욱 쉽게 동화되는 경향을 보인다.

동화라는 것은 긍정적인 면과 부정적인 면을 내포하고 있다. 긍정적인 면에서는 부대의 전통을 유지하고 부대를 단결시키며 한 차원 높은 가치관을 형성하는 등의 순기능적 역할을 수행한다.

그러나 부정적인 측면에서는 인접 전투원의 잘못된 사고나 행동을 쉽사리 모방하고 학습하는 역기능적인 측면이 있다. 따라서 역기능적인 동화의식이 확산되면 합리적 입장에서 자신의 사고나 행동을 결정하지 못하고 주위의 분위기와 기분에 휩싸인다.

예를 들어 한 전투원이 야간 전투 시 진지를 이탈하면은 이를 바라보는 인접 동료들도 이를 따라 진지를 이탈하는 경우이다. 이는 실제 전투에서 발생했던 사례이기도 하다. 즉 바람직하지 못한 행동에 다른 전투원들이 동조하면 부대 전체가 동화되어 사기가 떨어지고 전의를 상실하게 되며 심한 경우에는 공황으로 번져 전투능률을 급속도로 악화시킨다. 따라서 리더는 역기능적인 동화현상의 차단에 관심을 기울여야 성공적인 임무 수행을 보장받을 수 있다.

2) 극복 방안

역기능적 동화현상이 발생하는 경우는 주로 전장 상황이 아군에 불리하게 전개되고 있거나 지휘계통에 대한 믿음과 신뢰가 저하되었을 시 발생하는 경향이 있다. 따라서 리더는 현 상황에 대한 정확한 설명과 대책을 제시함으로 해서 현 상황을 타개할 수 있다는 믿음을 제시하고, 전투원들로부터 존경과 신뢰를 회복하도록 노력해야 한다.

리더는 다양한 방법을 동원하여 전투원 상호 간에 동화의식이 확산되지 않도록 차단해야 한다.

역기능적 동화의식의 차단 방안은 다음의 표와 같다.

전장에서 동화를 극복하는 방안

□ 긴장을 해소하고 여유를 가지고 생각할 수 있도록 해라. □ 자기의 소신을 분명하게 밝힐 수 있도록 여건을 마련하라. □ 진실과 허구를 판별할 수 있는 정보를 주어라. □ 편견이나 선입견 등의 고정관념을 배제토록 교육하라. □ 많은 경험을 쌓도록 하라. □ 논리적인 사고과정을 연습시켜라.

(바) 지각 능력의 저하

1) 발생 원인

전장은 전투원에게 과도한 육체적·정신적 노력을 요구한다. 전장의 혹독하고 불순한 기후와 기상에서 오는 스트레스, 전투행위로 인한 피로와 수면 부족, 흥분과 긴장 상태의 지속 등은 전투원이 지속적으로 감내하기에는 한계가 있다. 이러한 전장 환경은 결국 전투원의 감각기관에 영향을 미쳐 기능을 약화시키고, 이로 인해 지각능력(知覺能力)이 저하된다.

불안과 공포의 상황에서 인간의 심리는 위축되어 민감하게 반응한다. 작은 것을 큰 것으로 오인하기도 하고 심지어 없는 것을 있는 것으로 착각하기도 한며 순간적으로 기능이 마비되기도 한다.

이러한 지각 능력의 저하는 전반적으로 정신적·육체적 능력이 저하되었을 때 발생하며 착시, 환각, 환청 등의 형태로 나타난다. 적도 없는 허공에 총을 발사하는 것이 대표적이다. 이러한 지각 능력의 저하는 전투원의 감각기관을 마비시켜 주의를 집중할 수 없도록 한다. 감각기관의 마비는 전투원의 전투능률을 저하시키고 작전에 혼선을 줄 수 있어 이에 대한 대책을 나변해야 한다.

2) 극복 방안

지각능력 저하에 따른 대처방안은 우선 체력이 고갈된 전투원에게 감각기능을 회복할 수 있는 최소한의 휴식과 전장 스트레스를 피할 수 있는 방법 등을 강구해야 한다. 하지만 지각능력의 저하에 따른 대처방안은 결국 저하되어 있는 전투원의 감각기능을 원상복구 하는 것이다. 또한 오감에 대한 기능을 부단히 훈련하여 정상적인 감각기능을 유지하도록 해야 한다. 지각 능력의 저하를 방지하는 방안은 다음의 표와 같다.

전장에서 지각 능력의 저하를 방지하는 방안

□ 눈의 피로를 방지하고 주·야간 관측능력을 향상시켜라.
□ 각종 소리를 식별할 수 있는 청각 능력을 향상시켜라.
□ 각종 냄새를 식별할 수 있는 후각 능력을 향상시켜라.

(사) 전투 스트레스

1) 발생 원인

스트레스(stress)는 곤란한 상황에서 한 유기체 내에서 일어나는 심리적 및 생리적 반응들의 패턴이라 할 수 있다.[61] 이러한 스트레스는 생리적 및 심리적 과정에 영향을 미치며 스트레스에 노출된 사람 모두가 생리적 증상을 보이는 것이 아니며 사람에 따라 스트레스에 대한 처방도 다르다. 스트레스의 유형에는 삶에 긍정적인 측면을 제공하는 기능적 스트레스와 고통스럽고 부정적인 영향을 주는 역기능적 스트레스로 구분할 수 있다.

전장에서 발생하는 스트레스는 주로 역기능적 스트레스로 압박감, 불안, 공포, 좌절, 갈등 등의 요인에서 다양한 분노 감정을 유발하여 낙담, 비애, 슬픔 등으로 나타난다. 스트레스에 노출되면 전투원의 전투 능력을 저하시키고 누적되면 전투 쇼크, 전투 피로증, 전투 신경증 그리고 전투가 종료된 후에는 외상 후 스트레스 장애(post traumatic stress disorder)로 심화 된다.

전투 스트레스에 대한 원인은 생명에 대한 과도한 위협, 과도한 육체적 고통, 성과 애정의 결핍, 동료의 죽음과 그 광경의 목격, 개인행동의 제약, 적 공격의 위험, 개인 욕구와 불일치, 사생활의 박탈로부터 오는 고통 등에 있다고 보고 있다.[62] 전투 스트레스는 전투원이 공통적으로 경험하는 정서이다.

61) 권석만 외(1966), 『심리학 개론』

가) 전투 쇼크

전투 쇼크(battle shock)는 전투 현장에서 전투원들이 위험을 감지하거나 위험의 상태에 이르렀을 때 느끼는 부정적인 정서 반응으로 80% 내외의 전투원이 경험하게 된다. 전투 쇼크 단계에서는 불안감이나 위축감 등이 들면서 대열에서 이탈하거나 낙오, 도주 등의 행동을 보인다. 전투 쇼크는 전투원들이 전투를 진행하면서도 지속적으로 경험하게 되며, 적절한 치료와 훈련으로 회복이 가능하다.

나) 전투 피로증

전투 피로증(battle fatigue)은 지속된 전장 상황에서 중대한 사건을 경험한 후 심리적 방어기능이 붕괴되면서 발생하는 전투 스트레스이다. 전투 피로증은 불안, 공포, 행동장애 등을 수반하며 신체의 심한 경련 반응과 침묵, 환각, 환청 및 일시적 실명 등을 포함하여 극도의 공포상황을 수반하기도 한다. 전투 피로의 극복 방안은 다음의 표와 같다.[63]

전장에서 전투 피로를 극복하는 방안

□ 적절한 시기에 전투부대의 임무를 교대시켜라.
□ 전투력 보존을 위해 적절한 휴식과 전투근무지원을 보장하라.
□ 합리적인 명령과 지시로 불필요한 행동을 억제하라.
□ 적절한 문화 활동으로 정서적인 안정감을 갖도록 해 주어라.
□ 전투피로 증상이 지속되면 치료시설을 과감하게 후송하라.

다) 전투 신경증

전투 신경증(combat-induced neurosis)은 전투 현장에서 전투원이 극도의 불안과 공포로 인해 신체 기관이 외상적인 장애가 없는데도 불구하고 기능적으로 장애를 보이는 현상이다. 전투 신경증의 장애로는 사지마비, 언어장애, 시각과 청각장애, 기억상실 등이 수반된다. 즉각적인 치료와 후송 등의 조치가 필요하다.

62) 육군본부(2011), 상게서, 4-9쪽

63) 육군본부(2009), 『육군 리더십』, 3-47쪽

라) 외상 후 스트레스 장애

외상 후 스트레스(PTSD)는 생명을 위협할 정도의 극심한 스트레스(정신적 외상)을 경험하고 나서 발생하는 심리적 반응이다. 여기서 '정신적 외상'이란 일반적으로 경험할 수 있는 스트레스의 한계를 넘어 선 충격적이고 매우 위험한 사건을 당하거나 목격한 것을 의미한다.

감내하기 힘든 정도의 지나친 감정적 상처나 충격으로 인해 외상 후 스트레스가 유발되면 사회적 유대관계가 약화되고 공동체 유지에 악영향을 끼치게 된다. 외상 후 스트레스 발병 정도를 확인해 본 결과 조사자 기준으로 베트남전의 경우 참전자의 9~30%, 1차 걸프전 참여자는 9~24%, 2차 걸프전 시에는 12.5%였다는 보고가 있다.[64)]

외상 후 스트레스는 전투원이 사회에 복귀한 후에도 문제가 발생함에 따라 적절한 치료가 병행되어야 한다.

2) 극복 방안

전투 스트레스는 전투 현장에서 전투원이 받는 심리적 압박에 따른 자연스런 현상이다. 이를 다양한 노력으로 해결해야만 전투능률을 향상시키고 성공적인 작전을 수행할 수 있다. 전투 스트레스를 관리방안은 다음 표에서 보는 바와 같다.[65)]

전투 스트레스 관리 방안

- □ 전투상황에서는 공포가 존재함을 인정하라.
- □ 리더와 부하 간에 개방적인 의사소통이 이루어지도록 하라.
- □ 불필요한 위험을 추측하지 마라.
- □ 전투 스트레스 반응들을 전상(戰傷)으로 취급하라.
- □ 관심과 배려를 하는 리더십을 발휘하라.
- □ 장병들의 인내의 한계를 인정하라.
- □ 전투 시 도덕적 행동의 의미에 대해 공개적으로 토론하라.
- □ 장병과 그 가족들의 개인적 희생에 대해 보상하고 인정하라.

64) 육군교육사령부(2011), 상게서, 30쪽

65) 강경표 외(2012), 『軍리더십 길라잡이』, 220쪽

(3) 작전 형태별 전장 심리와 조치

(가) 적접 이동 또는 강행군

1) 심리 현상

강행군은 전투원들이 체감하는 피로와 고통으로 인하여 소극적이고 비협조적이며 주변 상황에 대해 무관하게 하며, 책임전가 의식이 팽배해지도록 한다. 극단적인 경우에는 환각 현상이 발생하며, 야간 이동 시에 더욱 이러한 현상이 발생할 확률이 높다.

행군 시에는 피로에 의해 적의 위협에 대한 불안이 감소된다. 이는 일반적인 현상으로 '다른 병사들이 앞에 지나가도 특별한 상황이 발생하지 않았는데 설마 나에게 무슨 일이 발생하겠어!'라는 심리적 이완으로 인해 적에 대한 경계가 해이해 질 수 있다.

전투원들은 목적지에 도착한 후의 휴식과 급식에 대하여 많은 관심을 보인다. 이는 어려움을 극복한 후에 대한 포상의 기대이기도 하지만 경계의 중요성이 더욱 증대되는 점이다.

2) 조치 사항

리더는 자신이 먼저 피로를 극복하고 병사들을 격려하여야 하며 야간 행군 시에 피로도가 빨리 다가옴을 인식하고 대처해야 한다. 행군 간 경계가 중단됨이 없도록 강력한 통제가 필요하며 측후방의 적 출현에 더욱 주의해야 한다.

목적지 도착 후 적절한 보상에 대하여 출발 전 언급함으로 해서 동기를 유발할 필요가 있으며 도착했다는 안도감에 이해 전장 군기가 흐트러지지 않도록 강조해야 있다.

강행군 시 리더의 조치사항

- □ 행군에 앞서 이동목적과 이동이 주는 효과에 대해 설명하라.
- □ 리더가 솔선수범하라.
- □ 행군체제 유지와 경계 대책에 노력하라.
- □ 행군이 완료된 후 숙영지나 집결지에서 주의하라.

(나) 공격작전

1) 심리 현상

공격작전은 공자가 전장의 주도권을 획득하고 전투를 진행함으로 해서 전투원의 자발적 사기와 용기를 기대할 수 있는 작전 형태이다. 또한 공격작전은 기동으로 인해 전투원의 긴장과 불안을 어느 정도 해소하는 효과를 얻을 수 있어 방어작전보다 용이한 측면이 있다. 공격작전 시 전투원의 관심은 작전의 성공 가능성에 대한 의문과 승리 시 얻게 될 명예나 보상 등에 관한 것이다.

공격대기 시 전투원들은 기동 간 보다 오히려 심적 고통이 강도가 더 하다. 그러나 공격개시선을 통과하면 일시적인 불안감이 형성되나 곧 사라지고 기동에 집중하면서 감소된다. 적의 원거리 사격이 있을 경우 긴장과 불안이 다시 발생하게 되고, 적의 유효사거리 내에 서는 약진과 회피를 갈등한다.

돌격단계 시 전투원은 무의식 상태로 분별력을 상실한 채 강한 생존 욕구의 지배를 받는다. 목표 탈취 후에는 일시적으로 긴장과 군기가 이완된 심리 상태를 보이며 강한 공포와 전율로 인하여 심리적 위축상태에 빠질 수도 있다.

2) 조치 사항

리더는 공격작전 준비 간 전투원들을 계속 움직이게 하여 심리적으로 느끼고 있을 공포감을 제거하도록 해야 한다. 적의 원거리 사격이 있을 시부터 리더의 과감과 진두지휘와 강력한 통제로 공격기세를 유지하도록 해야 하며, 적의 유효사거리 내에서는 리더가 모범적 행동을 보여 전투원의 공포를 극복하고 전투의지를 북돋아 주어야 한다. 적의 강력한 저항에 부딪혀 공격이 제지될 시에는 새로운 예비대의 투입 등 동기부여가 요구된다.

돌격단계에서 리더는 어떤 경우에도 강한 정신력을 유지하면서 자신 있고 단호한 태도를 유지해야 한다. 목표 탈취 후에는 진지강화 및 재편성을 신속히 마무리 짓고 적의 역습에 대비해야 한다.

공격작전 시 리더의 조치 사항

- □ 공격작전 성공이 가져오는 효과에 대해 설명하라.
- □ 리더가 진두지휘하라.
- □ 자신감을 유지하여 전투원에게 작전 성공의 신뢰감을 주어라.
- □ 단호하고 명확하게 지시하라.

(다) 방어작전

1) 심리 현상

방어작전은 사전 준비된 진지에서 적의 공격을 기다림으로 해서 공격작전에 비해 정적이다. 방어작전은 공자에게 전투 시기와 장소의 선택권을 내줌으로 해서 주도권을 상실한다. 적의 기습으로 인한 충격도 감수해야 하는 소극적 전투가 진행된다. 적을 진지에 앉아서 기다리는 전투원들은 불안과 공포에 휩싸일 확률이 높다. 따라서 심리적으로 방어작전은 공격작전보다 통제가 어려운 측면이 있다.

방어시의 심리는 적에 대한 것은 크고 강하게 지각되며, 더 가까이 다가와 있는 것으로 착시되고, 적의 행동은 더 과감하고 위력 있게 보인다. 반면 아군의 조치는 잘 지각되지 않는다. 리더의 지휘는 집중되지 않고 공포에 휩싸여 적을 지근거리까지 유인하여 사격하는 전술적 조치들이 잘 지켜지지 못한다.

2) 조치 사항

방어작전 시 리더는 전투원들이 수세적인 침체상태에 빠져 위축되지 않도록 해야 한다. 이어 우리가 공격함을 설명해야 한다. 전투원들로 하여금 적에 대한 강한 분노의 감정을 발산시키도록 해야 한다. 부상당한 동료 등을 이용한 적절한 복수심은 전투의지에 강한 추동력을 발휘할 수도 있다.

사격 등의 물리적 체험을 통해 내가 적을 제압하고 있음을 느끼게 하고, 인접 전투원과의 주기적인 접촉을 통해 나뿐만이 아니라 인근에 나의 동료가 같이 하고 있음을 지속적으로 인지시켜야 한다. 또한 후방에서는 상급 부대의 많은 자산들이 우리를 지원하고 있음을 주시시켜야 한다.

방어작전 시 리더의 조치사항

- ☐ 장기간 방어작전 시 전투원의 염전사상(厭戰思想)을 확인하고 조치하라.
- ☐ 적절한 임무를 부여하고 확인하라.
- ☐ 제한적인 소규모 공세작전을 계획하고 시행하라.
- ☐ 자신감과 의연함을 견지하라.
- ☐ 동료가 함께 하고 있음을 강조하라.

(라) 후퇴작전

1) 심리 현상

후퇴작전은 차후 작전을 위해 전장에서 이탈하는 작전이다. 후퇴작전을 수행하면 전투원의 사기가 저하되어 전투의지가 박약해진다. 따라서 후퇴작전 간에는 전장 군기가 약화될 우려가 높아진다. 리더들의 지휘통솔력이 더욱 증대되는 작전이다.

2) 조치 사항

후퇴작전 시는 그 당위성을 설명하고 차후 작전을 위한 철수라는 점을 명확히 주지시켜야 한다. 전투원들은 승리에 대한 일말의 기대나 확률이 있을 때 어렵고 힘든 상황을 헤쳐 나갈 수 있다. 차후 작전에 대한 명백한 동기부여가 있어야 한다. 그리고 전투력의 재통합을 위해 노력해야 한다.

후퇴 작전 시 리더의 조치 사항

- □ 차후작전을 위한 후퇴임을 인식시켜라.
- □ 리더의 의연함과 결연함을 실천하라.
- □ 작전 절차를 준수하며 차분하게 행동하라.
- □ 항상 함께 하고 있음을 일깨워라.

(마) 야간작전

1) 심리 현상

야간작전은 시야가 불분명한 야간에 진행되는 작전이다. 야간은 시야가 차단됨으로 해서 주간보다 공포의 강도가 훨씬 강해진다. 따라서 전투원들은 심리적으로 위축되어 전투의 효율성을 떨어진다.

2) 조치 사항

리더는 전투원들이 야음을 극복할 수 있는 조치들을 강구해야 한다. 우선 적극적인 방법으로 주간에 충분한 훈련과 지형숙지로 야음을 극복할 수 있도록 해야 한다. 그리고 야간에 전장을 밝혀 줄 수 있는 조명탄, 조명 지뢰 등의 장비를 획득하고 전투 현장에 자체적으로 제작한 다양한 부설물을 설치하는 것도 효과적인 방법이다.

또한 소극적인 방법으로 인접 동료가 항상 함께 하고 있음을 깨우치도록 하고, 야간에는 2인 1조 배치라든가 순찰조의 활용, 신호줄의 설치 등 실제적인 조치를 취해서 전투원의 공포심을 제거할 수 있다.

야간작전 시 리더의 조치 사항

- □ 인접 동료와 함께함을 주지시켜라.
- □ 공포감을 극복할 수 있는 다양한 방법을 제시하라.
- □ 적은 움직이고 있음을 강조하라.
- □ 오감을 이용할 수 있도록 하라.

라. 전승을 위한 전장 리더십

(1) 전장 리더십의 개념

리더는 전장의 위험과 불확실성 속에서도 절대 동요함이 없이 냉정하고 침착하게 상황을 판단하고 결심하여 대응해야 한다. 이것이 전장에서 전투지휘관(자)으로서의 리더의 역할이다. 리더는 더 나아가 지속적으로 변화하는 전장상황을 관리하면서 전투원의 전장 심리를 이해하고 그들의 전의를 고양시켜 의도하는 방향으로 부하들을 이끌어 나가야만 원하는 목적을 달성할 수 있다.

리더는 전장에서 나타나는 인간의 심리를 완벽히 이해하고 전투원을 효과적으로 통제하는 리더십을 발현해야 한다. 전장이라는 특수한 상황을 고려함이 없이 평상시와 동일한 리더십으로 지휘한다면 전투에서 승리를 보장하기는 어렵다. 리더십도 전장 상황에 걸맞는 전장 리더십이 필요한 것이다.

전장 리더십이란 전장의 리더인 지휘관(자)가 전투원의 전장 심리를 이해하고 심리적 제한사항을 극복, 전장 상황에 따라 효율적으로 발휘하는 리더십을 말한다.

(2) 전장 리더십 발휘 원칙

현대의 전장은 종심의 구분이 사라지면서 전쟁의 폭은 대폭 확대되어 가는 양상을 보인다. 전쟁의 진행 속도는 더욱 빨라지고 있고, 무기체계는 고도화되면서 그 치명성과 파괴력은 증대되어 가고 있다. 또한 메스미디어의 영향으로 전장의 상황을 국민들도 후방에서도 실시간으로 파악할 수 있다.

전장 리더십에도 전장 환경에 적합한 새로운 시대 가치의 반영이 요구되고 있다. 리더의 지휘 역량도 이러한 전장의 변모에 따른 새로운 유형의 리더십이 필요한 것이다. 무엇보다도 리더는 전장에 선 인간을 이해하고 전장 상황에 맞는 리더십을 발현해야 한다.

육군에서는 초급부대 리더들의 자질향상과 전투력 창출을 위해 많은 노력을 경주하고 있다. 최근에는 리더십 교범 등을 발간하면서 리더십에 대한 군 교리화를 추진하고 있다. 특히 6·25전쟁과 베트남전쟁, 국내·외의 다양한 전투 사례를 연구하여 전장을 위한 전장의 리더십 발휘 원칙을 위의 표와 같이 선정하였다[66].

전장에서 리더십 발휘 원칙

- □ 부하를 사랑과 정으로 지휘하라.
- □ 자신감 있게 행동하라.
- □ 진두지휘(솔선수범)하라.
- □ 팀워크를 형성하라.
- □ 전장 상황을 고려한 실전적인 교육훈련을 하라.
- □ 전장 공포를 효율적으로 관리하라.
- □ 부하로부터 존경과 신뢰를 받아라.
- □ 전상 상황에 대한 정확한 정보를 공유하고 점검하라.
- □ 지휘관(자)의 유고 시 대책을 수립하라.
- □ 우발계획을 수립하라.
- □ 죽어도 함께 싸우겠다는 전우애를 고양시켜라.
- □ 전장 환경에 따라 융통성을 발휘하라.
- □ 실전에서 사상자가 많지 않다는 객관적 통계를 알려줘라.
- □ 엄정한 군기를 유지하라.

(가) 부하를 사랑과 정으로 지휘하라

전장에서 리더들의 사랑과 정은 전투원을 감동시킨다. 전장의 현장은 비인간적이고 사랑과 정이 없을 것이라 생각하는 것이 일반적이다. 그래서 역설적으로 전장에서는 인간적인 정과 사랑이 더욱 큰 힘을 발휘하게 된다. 고래로

66) 『전장리더십』(2011), 교육사령부

부터 부하들에게 애정을 보인 리더들은 실패하는 법이 없었다. 리더가 자신들과 동고동락하면서 인간으로 대할 때 부하들은 감화 감복하기 때문이다.

중국 전국시대의 명장 오기 장군의 일화는 오기의 부하에 대한 사랑이 어느 일순간이 아니라 세대를 거듭하면서까지 지속된 일관된 것이라는 것을 잘 보여준다. 리더의 부하에 대한 진실 된 사랑은 이렇게 전장에서 부하의 마음을 얻는 것이다.

(나) 자신감 있게 행동하라.

리더의 사고와 행동이 전투원의 생각과 행동에 큰 영향을 미침에 따라 리더가 지휘와 전투에 임하는 자세는 매우 중요하다. 전장에서 리더들의 모습과 행동은 마치 어린 아이가 부모의 일거수일투족에 관심을 갖듯 그 하나하나가 부하들의 초미의 관심과의 대상이 된다. 이는 리더가 전장에서의 자신의 삶과 죽음을 결정짓는 존재이기 때문이다.

이러한 리더의 자신감이 전투의 결과에 미치는 영향은 얼굴의 직접 맞대고 활동하는 소부대일수록 더욱 크다. 전투에 참가한 병사들의 전쟁 수기를 보게 되면 리더의 결연에 찬 음성과 얼굴빛에서 묻어나는 굳은 의지는 전투원들에게 승리에 대한 무언의 확신을 주었다고 기록하고 있다.

리더의 자심감에 따라 전투원들은 전장의 불안과 공포를 극복하고 주어진 임무에 충실할 수 있다. 자신 없는 리더의 행동과 말투는 자신의 신뢰도를 저하시키고 결국 부하들의 심리를 위축시켜 전투임무수행을 방해하고 전장의 공포를 배가할 뿐이다. 따라서 부하들의 사기를 충천하는 것은 리더의 자신감 있는 육성지휘와 더불어 두둑한 배짱이라 할 수 있을 것이다.

(다) 진두지휘(솔선수범)하라.

전장에서 리더의 진두지휘(솔선수범)는 리더의 진정한 덕목이다. 이 원칙은 사실 이전 육군 지휘통솔의 제1원칙이기도 했다. 전투원은 전투 현장에서 불안과 공포를 느낀다. 이 불안과 공포를 제거하는 가장 효과적인 방법은 리더의 행동이다. 따라서 밀려오는 전장의 공포를 극복하는 것은 리더의 용감한 행동이고 그 리더의 진두지휘에 따라서 전투원은 그의 행동을 모방하면서 불안과 공포를 이겨낼 수 있을 것이다.

진두지휘로 잘 알려진 백선엽 장군의 다부동 전투지휘가 그 예이다. 6·25 전쟁 당시 낙동강 전선에서 한국군 제1사단 11연대 1대대가 다부동에서 북한

군에게 담당하던 고지를 피탈당하고 무질서하게 후퇴할 때이다. 백선엽 장군은 뒤도 돌아보지 않고 쫓겨 내려오는 병사들을 막아서고 그 유명한 연설을 했다.

"내 말을 잘 들어라. 그동안 여러분은 잘 싸웠다. 여기서 무너지면 우리는 더 이상 갈 곳이 없다. 저 고지에서 싸우는 미군을 보라. 자신의 나라도 아닌데 저렇게 용감히 싸운다. 그런데 우리가 후퇴하다니 말도 안 된다. 내가 선두에서 돌격하겠다. 그리고 내가 후퇴하면 너희들이 나를 쏴라. 나를 따르라."
이 소리가 끝나기도 전에 후퇴하던 전 병사들은 다시 사기를 얻어 백선엽 장군을 뒤따라 탈취당한 고지를 재공격했고 순식간에 재탈환했다.

이렇듯 리더의 진두지휘는 전장 공포를 극복할 수 있는 강력한 마력으로 작용하며 사기를 잃었던 전투원에게도 다시 승리할 수 있다는 희망을 솟구치게 한다.

(라) 팀워크를 형성하라.

전장에서 전투력의 원동력은 단결과 화합이다. 전투원들은 리더를 중심으로 응집하며 여기서 전투력이 발현된다. 전장에 선 인간은 구심체가 없다면 싸우려는 동력을 상실한다. 따라서 리더는 부대의 화합과 단결을 위해 평시부터 부단한 노력을 경주해야 한다.

전장에서는 부대원을 제외한 누구도 함께 하지 않는다. 많은 전투 경험자들의 증언에 의하면 옆에 전우가 있기 때문에 싸운다는 것이다. 나의 전우가 피를 흘리고 쓰러질 때 적개심은 타오르고 싸우고자 하는 의지가 불타오른다. 내가 그를 돕고 그가 나를 구하면서 싸우고 있는 것이다.

따라서 전투원 간에 단결을 도모하고 제대 단위 간 또는 임무를 수행하는 팀원 간에도 눈빛만 봐도 상호 원하는 바를 알아차리고 조치를 취할 수 있는 팀워크를 구축해야 한다.

(마) 전장상황을 고려한 실전적인 교육훈련을 하라.

전장에서 가장 큰 리더의 임무는 승리를 쟁취하는 것이며 그 다음은 전투원의 생명을 보전하는 것이다. 상기의 임무를 완벽히 수행할 수 있는 밑바탕은 바로 실전 같은 교육훈련이다.

명장들은 예로부터 전장 상황에 부합하는 강인한 교육훈련을 강조해 왔다. 훈련 받은 전투원만이 전장을 두려워하지 않는다. 평시의 땀 한 방울이 전시의 피 한 방울인 것이다. 훈련받은 만큼 전장에서 자신감을 가지고 불안과 공포를 배제할 수 있다.

전장 상황을 대비한 혹독한 교육훈련은 위급 시에 빛을 발한다. 평시부터 유사시를 대비하여 전장 상황과 유사한 조건 하에서 철저한 교육훈련을 진행하는 것이 전장에서의 승리를 담보함은 물론이고 전투원의 생명도 보장하는 첩경이다.

(바) 전장 공포를 효율적으로 관리하라.

전장과 마주친 인간의 공포심은 정상적인 심리이다. 다만 이 공포를 효과적으로 관리할 수 있느냐 없느냐의 문제가 관건인 것이다. 따라서 전장의 능숙한 리더라면 부하들의 불안과 공포를 효율적으로 제거할 수 있어야 한다.

전투 간 '총을 하늘로만 쏘느냐' 아니면 '정확히 조준사격 하느냐' 등이 바로 공포의 관리의 문제이다. 전투원이 공포심을 제거하고 리더의 명에 따라 행동할 수 있도록 관리하여 전투력을 높이는데 관심을 유지해야 한다.

(사) 부하로부터 존경과 신뢰를 받아라.

전장 상황에서 리더의 명령은 태산과 같아야 한다. 이를 두고 군령태산(軍令泰山)이라 한다. 전투 간에는 리더의 일사분란한 지휘통제가 필요하며 전투원들은 지시되지 않은 것도 능동적으로 처리하지 않으면 안 된다. 하지만 이는 녹녹치 않은 일이다. 전장 공포가 인간의 심리를 마비시키기 때문이며 이를 일일이 이를 통제 감독할 수도 없기 때문이다.

따라서 주어진 임무에는 어떠한 어려움과 두려움이 있어노 완수하려는 의지가 있어야 하며 부하들이 스스로 리더에 복종하고 따르려는 분위기가 필요하다. 이는 하루아침에 형성될 수 있는 과정의 것이 아니다.

평소부터 리더와 전투원 간에는 믿음과 신뢰의 관계가 형성되어 있어야 한다. 이는 평소의 리더의 전술관이나 인간의 됨됨이가 부하들로부터 존경과 신뢰를 받아 형성된다.

(아) 전장 상황에 대한 정확한 정보를 공유하고 점검하라.

전장 상황은 유동적이며 많은 것이 베일에 쌓여있다. 인간이 심리적으로 두렵고 공포를 가장 많이 느끼는 때는 어떤 상황에 대해 무지할 때이다. 전장에서의 많은 부분의 공포는 결국 무지에서 출발한다.

따라서 리더는 전장 상황에 관련된 정보를 전투원에게 수시로 제공해 주어야 한다. 한 번의 제공으로 끝나는 것이 아니고 지속적으로 적에 대한 정보를 제공함으로 해서 적에 대한 막연한 공포심으로부터 벗어나게 해야 한다. 또한 공포심은 적뿐만 아니라 우리를 잘 이해하지 못하고 있을 때도 발생한다. 우리의 능력과 계획을 잘 설명해 줌으로 해서 자신감을 배양시켜야 한다.

전투원이 정보를 정확히 알고 전장에 임했을 때는 공포심 제거는 물론이고 자기가 스스로 해야 할 일을 염출해낼 수 있으며 또한 변화하는 전장 속에서 적극적이고도 창의성인 조치를 취하기가 용이하다. 리더는 전투원의 전장 적응과 적극성을 유도하기 위해 수시로 전장상황에 대해 정보를 공유하고 이에 대한 조치 여부를 확인하도록 해야 한다.

(자) 지휘관(자)의 유고시 대책을 수립하라.

전투 현장에서 리더는 조직의 핵심이다. 리더가 없는 조직은 풀 위에 흩어진 양떼와 같다. 전투력을 발휘하기 위해서는 리더를 정점으로 해서 강력한 조직을 형성해야 한다.

하지만 전투 현장의 가장 중용한 핵심인 리더는 여러 가지 변수가 오히려 많이 발생한다. 진두지휘에 따른 위험성, 적의 의도적 의도 등 다양한 이유에 의해서 리더는 유고될 수 있다. 따라서 리더 유고 시의 조직의 목표 달성 즉 승리 달성을 위해서는 리더 유고 시의 대책을 수립해야 한다.

초기 전투 및 전투의 치열도가 강해지면 강해질수록 리더의 유고 확률은 높다. 따라서 유고시 지휘계통을 유지하기 위한 차기 선임자의 지정과 이후의 전개될 상황에 대한 대처 방안 등 임무수행에 필요한 사항들을 사전에 공개적으로 언급하고 조치해 놓는 것이 임무 완수를 위해서는 반드시 필요하다.

(차) 우발계획을 수립하라.

우연의 연속과 불확실성이 전장의 특성이다. 항상 최초 계획과는 다른 변화무쌍함이 전장을 엄습한다. 이러한 최초 계획을 넘어서는 다양한 변화에 대처하기 위한 철저한 계획이 필요하며 이러한 우발상황을 어떻게 극복하느냐 하는 것은 작전의 성공여부와 밀접히 관계되어 있다.

따라서 리더는 전장의 우발상황을 사전에 염두하고 이를 조치할 대비를 해야 한다. 우발계획은 지형과 기후의 변화, 아군의 의도된 계획, 아군의 계획을 수포로 만들기 위한 적의 행동 그리고 진정한 의미의 우연이 등이 원인이다.

이에 따라 전투 간에는 기동과 화력의 변경이나 지휘체계의 변화, 전투근무지원의 변경 등 실로 다양한 형태의 우발상황들이 전개된다.

리더가 이 전장의 우발상황 속에서 평정심을 유지하고 일관된 작전을 지속할 때 승리를 담보할 수 있다.

(카) '죽어도 함께 싸우겠다.'는 전우애를 고양하라.

전투 현장에서 전우에 대한 믿음, 전우에 대한 애착심이 없다면 작전을 성공적으로 진행할 수 없다. 위험한 전장에서 나를 도와줄 수 있는 이는 옆의 전우뿐이다.

그래서 전장에서 제일 믿고 의지할 수 있는 사람 또한 인접 전우이다. 야음이 지배하는 암흑의 어둠 속에서도 홀로 적진을 바라보며 총부리를 겨눌 수 있는 이유도 옆의 전우 또한 나와 같이 있을 것이라는 믿음에 가능하다.

월남전 참전자를 대상으로 한 설문조사에서 위험을 무릅쓰고 작전을 계속한 이유를 묻자 제일 많이 답한 것이 부상당한 전우에 대한 적개심 때문이었다(응답자의 39.9%, 다음은 동료에 대한 믿음으로 13.8%)고 한다.

이렇듯 전장의 전투원은 전우에 대한 믿음과 전우를 해친 자에 대한 적개심의 발산으로 전투행위를 진행하게 되는 것이다. 따라서 리더는 평시부터 부대원들의 부단한 단결 활동을 통해 전투원 간에 상호 신뢰를 쌓고 전우애로 뭉칠 수 있도록 노력해야 한다.

(타) 전장 환경에 따라 융통성을 발휘하라.

전장 상황은 상대가 있는 활동이고, 적의 의도를 분쇄하는 무력 활동으로 진행됨으로 해서 매우 유동적이고 신속하다. 거기다 손자병법에서처럼 전쟁은 '적을 속이는 것'이다(兵者詭道也). 따라서 처음의 상황판단대로 최초 계획대로 진행되는 사례는 드물다. 전장은 변화하는 상황에 능동적으로 대처하면서 시의 적절히 전기를 포착 활용할 수 있어야 한다.

전장에서의 융통성 활용은 두 가지 측면에서 살펴볼 수 있다. 우선 전투 현장의 리더가 변화하는 상황에 적극적으로 대처하는 것이다. 이는 리더의 현장조치이기도 하다. 자신의 자산과 능력 그리고 상급부대의 지원으로 이를 조치할 수 있어야 한다. 이때는 상급부대 지휘관의 의도를 명찰하여 작전목적에 부합한 행동도 불사하여 전반적 작전 흐름에 도움이 되어야 한다.

또 한 가지의 융통성은 상급부대 지휘관(자)가 전투 현장의 리더들이 현장에서 조치할 수 있도록 융통성을 부여하고, 전투 현장 리더의 조치와 건의를 가능한 수용하여야 한다.

이와 같이 작전 제대의 상하에서 융통성이 발휘될 때 작전은 원활하게 진척된다.

(파) 실전에서 사상자가 많지 않다는 객관적 통계를 알려줘라.

전투 현장에서의 가장 큰 불안과 공포는 당연히 죽음과 부상이다. 전투원들은 이 신체 손상에 대한 두려움이 가장 큰 고민거리이다. 하지만 전투 현장에서의 사상자 현황은 우리가 영화에서 보는 바와 같이 그렇게 큰 것은 아니다.

리더는 정확한 전투 실상과 각종 전투사례에서 확인된 수치 등을 제시하여 막연한 불안과 공포심을 제거할 수 있도록 해야 한다. 사실 근대 이전의 전쟁에서 사망한 가장 큰 이유는 전염병이나 기아였다. 근대에 들어 화력의 증대로 전사상자 수가 증대되었지만 사망률은 전장에서의 질병이나 사고로 인한 사망률 보다 낮다.

따라서 리더는 실전에서 사상자가 우리가 생각하는 것보다 수치적으로 적다는 것을 각인시키고 막연한 두려움에서 오는 공포를 제거할 수 있도록 교육하는 것이 중요하다.

(하) 엄정한 군기를 유지하라.

전투 현장에서의 군기는 매우 엄정해야 한다. 군기가 살아있는 부대는 전투력이 강하고 사기도 높으며, 싸워 이길 수 있는 부대이다.

전장 군기는 전투원 개인의 생사는 물론 작전의 성공과 실패에 직결된다. 평시부터 전투원에 대한 군법과 전장 군기에 대한 교육이 필요하다. 신상필벌을 강화하여 전투원들을 엄격히 통제하고 명령에 복종하도록 해야 한다. 또한 엄정한 군기는 평상시의 강인한 훈련으로부터 잉태된다. 따라서 생활관에서의 생활은 여유를 보장하되 교육훈련 만큼은 혹독하고 강인하게 실시해야 한다.

이러한 리더가 평시부터 전투원들로 하여금 엄정한 군기를 유지하게 하고, 전투 시에는 전투원의 생명을 구하고 더 나아가 승리를 쟁취할 수 있게 한다.

모두 살아 돌아오게 할 수는 없어도 전장에서 제일 먼저 땅을 딛고 맨 나중에 그곳을 벗어나겠다.

– 영화 '위 워 솔저스'

⁂ **수시평가(과제평가) 18차 :** 작성 후 절취선을 따라 분리 제출하시오.

❒ 손자의 리더십 예화를 읽어 보세요.

손자병법을 집필한 손무는 제나라 사람이었지만 병법이 훌륭하다는 소문이 돌아 이웃 나라에서 서로 모시고 싶어 하는 인물이었다. 이때 오나라 왕 합려는 손무의 저서 손자병법을 읽고서 병서와 같이 실제로 시행이 되는지를 의심하고, 손무를 초대해서 이를 시험해 보고자 했다.

그리고 자신의 궁녀 180여명을 불러 손무의 군사가 되라고 명하며, 그가 매우 사랑했던 궁녀 두 명을 특별히 대장을 시켜주었다. 손무는 180명의 궁녀들을 2개 소대로 나누고 두 명의 애첩을 지휘자로 임명 훈련을 했다. 하지만 그녀들은 손무의 명령에 반대로 움직이며, 그 상황을 재미로 즐기고 있었다. 손무는 포기하지 않고 수 차례 명령을 반복했다. 그러나 그의 말을 따르는 궁녀는 단 한 명도 없었다.

이에 손무는 병법의 엄함을 들어 왕이 아끼던 궁녀 2명에 벌을 주고자 했다. 손무의 입에서 떨어진 명은 결국 "두 지휘자를 당장 끌어내어 처형하라!"였다. 그러자 애첩들이 눈물을 흘리며 용서를 빌었다. 하지만 손무는 이들을 용서할 마음이 없었다. 보다 못한 왕도 만류하였으나 허사였다. 결국 왕은 자신의 눈앞에서 사랑하는 애첩 둘이 처형당하는 걸 보고 말았다.

그러자 지금까지 모든 일을 장난가치 대하던 궁녀들의 태도가 180도 달라졌다. 모든 것이 일사분란 해졌다.

❒ 손자의 리더십에 대해 요약하여 발표하세요.

3. 임무형 지휘

가. 임무형 지휘란?

(1) 개념

임무형 지휘란 전·평시 모든 부대 활동에서 부여된 임무를 효율적으로 완수하기 위한 지휘개념(사고와 행동체계) 중의 하나이다. 상급 제대 리더가 자신의 의도와 부대가 수행해야 할 임무를 명확히 제시하고 자원을 할당하여 하급 제대 리더의 임무 수행 여건을 보장하면서 임무 수행 방법을 최대한 위임하면, 하급 제대 리더는 책임의식을 견지하여 자율적이고 창의적으로 자신의 부여된 임무를 수행하는 것을 말한다.

임무형 지휘는 변화하는 전장 상황에 신속하고 능동적으로 대처하기 위해 부하가 지휘관의 의도에 기초하여 주도적으로 임무를 수행하는 지휘유형이다. 임무형 지휘는 전투가 이루어지는 상황은 현장에 있는 지휘관(자)이 이격되어 있는 상급 지휘관보다 현장 상황을 더 잘 알고 있다는 것을 전제로 하며, 최초 계획이나 명령이 상황에 맞지 않을 경우 자신들이 처한 상황에 맞게 계획을 변경할 수 있는 최종적인 권한을 현장 지휘관이 갖는다는 것을 의미한다. 물론 계획의 변경이 자의적·임의적으로 이루어지는 것이 아니라 임무와 지휘관의 의도를 더욱 잘 구현[67]하는 것이어야 한다.

임무형 지휘는 전시뿐만이 아니라 평시의 부대 지휘에도 활용된다. 상급 부대 리더는 전투준비나 평시의 교육훈련, 부대 관리에도 자율과 책임이 따르는 임무형 지휘를 통하여 하급 부대 리더의 동기를 유발할 수 있도록 여건을 보장해야 한다. 예하 부대 리더가 주인의식을 가지고 전투준비와 교육훈련을 완성하고 부대를 관리할 수 있도록 여건을 보장해야 한다. 또한 예하 부대 리더는 이를 실행하고 공정하게 평가받아야 한다.

이렇게 평시부터 전투준비와 교육훈련 그리고 부대 관리에 관하여 임무형 지휘를 적용하여 시행하는 것은 평시에 공유된 전술관에 의거 전시에도 상·하 리더 간에 일치된 전술관을 공유하게 하기 위함이다.

(2) 현대전과 임무형 지휘

현대전은 광역화·분권화 되어 있고, 비선형적으로 전개되며 속도와 템포(Tempo)[68]가 매우 빠르다. 작전환경이 변화함에 따라 리더들의 대처도 기민해

67) 로버트 엘 베이트 맨 3세 편저, 윤주학 역(2000), 『디지털 전쟁』, 53쪽

져야 한다.

이에 따라 각급 제대 리더는 예하 부대 리더의 현장 상황에 따른 자율적인 판단 능력을 존중하고 예하 부대의 독자적인 결정에 따라 작전을 수행해야 한다. 명령은 짧고 정확하게 하되 수단은 위임하여야 한다. 예하 부대 리더는 전투 현장에서 상급 제대 리더의 의도에 따른 부하의 능력, 상황, 여건을 고려한 리더십이 발현되어야 한다.

임무형 지휘는 정적인 방어작전보다 동적인 공격작전이나 지휘통신 등의 정보 유통체계가 안정적이지 않은 유동적 상황에서 더욱 유용하다. 특히 대부대의 리더보다는 소부대의 리더들에게 더 중요시 되는 점도 있다. 상급 부대 리더의 요점만을 가지고도 하급 제대 리더는 상황에 맞추어 세부적인 상황에 대하여 독자적으로 판단하고 행동할 수 있는 자율적 행동이 요구된다.

"약자는 신속성을 통해 강자의 결정적인 지점에 위치할 수 있다."라는 독일 연방군의 지휘교범 내용은 행동의 자유가 전술부대 단위 리더에게 매우 중요하다는 점을 잘 보여주고 있다. 상급 부대 리더는 하급 부대 리더에게 행동의 자유가 보장될 수 있는 여건을 만들어 주어야 한다. 하급 부대 리더는 상급 리더의 의도를 명찰하고 세부적인 행동은 스스로 창의적으로 개척해 나가야 한다.

지식정보화시대 이전의 지휘방식에는 통제형 지휘가 광범위하게 적용되었다. 하지만 지식기반사회의 출현과 전장 환경의 변화에 따라 임무형 지휘가 새로운 대안으로 등장하였다. 통제형 지휘는 계획수립단계에 대한 권한이 상급 부대에 집권화 되어 있고, 하급 부대는 상급 부대의 통제에 절대적으로 복종하고 따라야 하는 지휘 유형이다. 반면 임무형 지휘는 전투 현장의 리더에게 많은 권한과 책임을 위임하여, 급변하는 전장 상황에 현장의 리더가 신속하게 판단하여 대처할 수 있는 융통성을 부여한 지휘 유형이라 할 수 있다.

68) 군사행동의 속도율로써 전장에서 수행되는 일련의 군사 활동 속도와 리듬을 의미한다. 템포는 단순히 속도만을 의미하는 것이 아니라, 전투상황과 적의 탐지 및 대응능력 평가에 따라 작전을 조정하는 능력을 말하며 주도권 장악의 필수 요소로서 작전상황에 따라 빠를 수도 있고 느릴 수도 있으며, 속도와 집중을 적절히 통합함으로써 달성된다.(교육참고 101-20-1, 『군사용어사전』, 1999).

나. 임무형 지휘의 등장 배경과 당위성

(1) 등장 배경

(가) 역사적 배경[69)]

임무형 지휘는 독일어의 Auftrag(임무)와 taktik(전술 또는 지휘)의 합성어로 Auftragstaktik가 그 어원이다. 임무형 지휘는 프로이센이 나폴레옹 전쟁과 보·불 전쟁에서의 패배를 극복하는 군사 개혁 과정에서 시발 되었으며, Karl Clausewitz, Karl Friedrich 등에 의해 발전되었다.

이후 프로이센의 전통을 이어받은 독일군은 제1·2차 세계대전에 임무형 지휘를 적용하기 시작하였으며, 제2차 세계대전 당시 구데리안과 롬멜 등이 임무형 지휘를 적용하여 아르덴느숲과 뫼즈강을 전광석화와 같이 돌파했었다.

이후 독일은 전쟁이 끝나기 직전까지 전력이 붕괴되지 않고 유지되었는데, 그 비결을 정신력을 넘어서는 무엇 즉 '임무형 지휘'에서 찾기도 한다. 독일 육군은 임무형 지휘를 1998년 육군 지휘개념으로 채택했다.

임무형 지휘는 20세기 말부터 각국의 군사전문가들로부터 새롭게 조명받기 시작했다. 중동전에서는 이스라엘이 임무형 지휘를 적용하여 큰 성과를 거두기도 했다. 미국은 1980년대 중반 임무형 전술에 대한 개념을 도입하기 시작했으며, 걸프전에서 효과가 입증되자 2003년 육군의 지휘개념으로 채택했다.

한국군도 1970년대 후반 '임무형 훈련 개념'을 도입하여 시행하기 시작했으며, 1999년 '임무형 지휘'를 육군의 지휘개념으로 채택하였다. 이후 2006년 야전교범 이전의 단계인 '임무형 지휘'라는 교육회장을 발간했다. 한국군은 임무형 지휘 개념 도입 이후 수차의 연구와 논의에도 불구하고 현재 시휘의도 및 부내지휘 등에는 접목하지 못하고 있다. 정책이나 교리적 측면 그리고 실천적 측면에서 시스템적인 발전이 더딘 상태에 있다.

모든 사회적 제도가 그렇듯이 제도의 발전이라고 하는 것은 그 나라의 역사나 문화의 소산이다. 따라서 서구의 이질적 문화인 임무형 지휘를 한국군에 접목 한다는 것은 많은 노력과 더불어 시행착오가 필수불가결한 것이다. 따라서 지속적인 임무형 지휘에 대한 교리를 개발, 체계를 접목시켜야 하며, 훈련과 실험을 통하여 임무형 지휘의 토종화를 이루어야 한다.

---

69) 디르크. W. 외팅, 박정이 역, (1997), 『임무형 전술의 어제와 오늘』

(나) 현대적 배경

현대 전장에서 임무형 지휘가 등장하게 된 배경에는 우선 전쟁 양상의 변화(전장의 광역화 및 분권화, 작전 템포의 증대)와 더불어 사회문화적 변혁이 자리 잡고 있다. 과학기술의 발전과 함께 전장 상황은 상급 리더가 일일이 간섭할 수 없는 속도로 급변하였다. 여기에 정보를 강조하는 지식정보화 사회가 출현하였다. 지식정보화사외의 특성인 개성과 창의를 존중하는 사회적 분위기 속에서 리더십의 한 분야인 간부계발이라는 명제가 다가오고 있다.

1) 전장 상황의 변화

급변하는 전장 상황에 따라 계획에 의거 통제되는 지휘는 능동적 대처가 제한된다. 현장 리더의 적시적인 결심과 주도적인 역할이 요구된다. 전투 현장의 리더는 지휘관의 의도를 명찰하고 자신의 능력과 상급 지휘관의 자원 범위 내에서 변화된 환경에 자발적이고 주도적으로 대처해야 한다.

2) 지식정보화 사회의 출현

현대 사회는 지식정보화사회이다. 지식정보화시대의 전쟁은 새로운 지식과 정보의 창출 및 효과적 활용이 전쟁의 승패를 가른다. 통제된 계획과 일방적 지시에서는 개인의 주도성에 나오는 창의성이 매몰 될 수 있다. 상급 리더의 의도 내에서 발현되는 자율적인 정보 창출과 실행은 효율적이고 생산적일 수 있다.

3) 자발적 참여의 확대

일방적 지시나 통제에 의한 지휘 유형은 상·하급 리더 간 공감대 형성이 임무형 지휘 유형보다 제한된다. 반면 임무형 지휘는 통제형 지휘에 비해 부하들의 적극적이고 자발적인 노력을 기대할 수 있다. 조직 구성원의 내면에 있는 변화와 자발적인 참여를 이끌어내기 위해서는 공감대 형성이 중요하다. 공감대를 형성하는 것은 정보와 의사소통이 잘 이루어질 때 효율적이며, 함께 참여하고 내가 결정할 때 더 확장된다.

4) 간부 계발

미래 전장에서는 예측하지 못한 다양한 상황들이 전개될 것이며 이에 대한 현장 지휘관의 능동적 대처가 요구된다. 이를 위해서 상·하 리더들이 미래 전장에 부합한 지휘 역량을 계발하기 위해 평시부터 임무형 지휘에 대해 부단히 훈련하고 노력해야 한다.

(2) 적용의 당위성

현대전장에서 임무형 지휘는 모든 제대의 리더들이 개념을 이해하고 평시 생활에서의 임무수행은 물론이고, 전장의 현장에서 일반적인 지휘 유형으로 자리 잡아야 한다. 임무형 지휘가 보편화되어야 할 당위성에는 다음과 같다.

(가) 최초 계획의 무용지물화

전장 상황의 빠른 변화와 예기치 못한 상황으로 인해 최초의 계획이 무용지물화 되는 경우가 허다하다. 따라서 리더들은 상급 제대 리더의 의도나 간단한 단편명령만 가지고도 의도를 충족할 수 있는 세부적 행동을 취할 수 있어야 한다.

이렇듯 임무형 지휘는 예하 부대 리더들에게 빠르게 변화하는 전장에서 발생하는 상황에 신속히 대처하게 하여 기선을 잡고 전장의 주도권을 획득하게 하여, 전세를 아군에 유리하게 전개할 수 있는 유리점을 제공한다.

(나) 적시적인 상황 조치의 중요성 증대

현대전의 스피디한 전개는 적시적인 타이밍이 중요하다. 봉착된 상황을 타개하는데 상급 리더에 보고하고 조치 받는 데는 많은 시간이 소요된다. 상급 리더의 지휘를 시시콜콜 기다리다가는 결국 '호기'나 '결정적 시기'를 상실하고 말 것이다.

상급 리더의 조치를 기다리는 것은 결국 호미로 막을 일을 가래로 막는 형국이 전개될 수 있다. 리더의 한 발 빠른 선조치와 난관 타개 능력은 아군의 전투력 보존과 전기에 결정적 역할을 수행 할 것이다.

(다) 사회발전의 추세 : 인적자원과 문화의 변화

현대 사회의 발전 추세 또한 획일적이고 일방적인 문화에서 성장한 자원보다 창의와 자율, 그리고 개성이 중시되는 문화 속에 성장한 세대가 주류를 이루고 있다. 그들은 지식정보화 사회에서 지식·정보에 기반을 두고 판단하는 세대로, 스스로 리더라는 인식을 요구할 수 있다.

강한 자아의식을 가지고 간섭을 싫어하는 신세대 장병들은 통제형 지휘보다는 임무형 지휘가 더 효율적일 것으로 판단된다. 신세대 장병들의 창의성과 자기 결정을 존중하면서 잠재력을 발휘할 수 있는 토양 마련이 필요한 것이다.

(3) 임무형 지휘와 통제형 지휘

전장에서 임무형 지휘가 등장하게 된 배경에는 전쟁 양상의 변화가 자리 잡고 있다. 인류의 문명이 농경사회, 산업사회를 거쳐 지식정보화 시대로 발전하면서 군대에서의 지휘개념도 변화해 왔다. 오늘날 군대에서 지휘의 유형은 크게 통제형 지휘와 임무형 지휘로 구분된다.[70]

지휘의 유형[71]

	임무형 지휘	통제형 지휘
전쟁양상	가변적, 예측 불가능	고정적, 예측 가능
지휘경향	분권적, 융통성 보장, 능 동 적	중앙집권적, 수동적, 강력한 통제
의사소통	수직·수평, 상호작용적	수직적, 일방적
조직구조	위계적	유기적
리 더 십	위임형, 변혁적 리더십	지시형, 전통적 리더십

(가) 통제형 지휘[72]

통제형 지휘는 예하 제대 리더의 창의성이 발휘된 주도적 임무 수행을 요구하기보다는 상위 제대 리더가 수립한 계획과 명령을 충실히 수행하는 부하의 역할을 요구하는 리더십 유형이다. 통제형 지휘는 전쟁 양상의 고정성과 예측 가능성에 방점을 두고 있는 것으로 중앙집권적이며 강력한 통제가 필수적이다.

70) 육군본부(2006), 『육군리더십』, 10~12쪽

71) 육군본부(2006), 『인간중심 리더십에 기반을 둔 임무형 지휘』, 3쪽

72) 육군3사관학교(2010), 『리더십 Leadership』, 96~99쪽

이러한 통제형 지휘는 지휘관이 전장 상황에 대한 정확한 정보수집과 판단이 가능한 경우에 유용하며, 다량의 정보를 수집하고 처리 분석하여 통제할 수 있는 시스템이 갖추어졌을 때 더욱 효율적이다. 또한 예하 제대 리더가 스스로 결심하여 임무를 수행할 수 없을 때, 본인 판단보다는 상급 부대의 지시에 의거 수동적으로 임무를 완수할 때 활용된다.

통제형 지휘는 정보 및 권한의 집중과 효율적인 분배를 중시하는 위계적 구조에 적합하며, 위계적 구조 하에서의 의사소통 방식은 일방향적이고 수직적, 전통적 리더십이 효과적이다.

통제형 지휘는 상급 제대 리더의 통제력이 잘 발휘될수록 매우 효율적이지만 통제형 지휘에만 익숙하게 되면 현장의 리더가 급격한 상황변화에 직면해서 자율성과 적극성을 지니고 적시에 대처하는 능력은 감소한다.

(나) 임무형 지휘

임무형 지휘는 예하 제대 리더에게 임무와 자신의 지휘 의도를 명확히 제시하고 임무 수행에 필요한 자원, 수단 제공하며, 예하 제대 리더는 임무 수행 과정에서 임무와 지휘관의 의도를 기초로 자율적 · 창의적 · 적극적으로 임무를 수행하는 지휘 형태이다.

상급 제대 리더는 임무 부여 시 '누가, 언제, 왜, 어디서, 무엇을'의 요소를 구체적으로 제시하고, 예하 제대 리더는 임무 수행 과정에서 '어떻게(How To)에 관한 것에 행동의 자유(지휘관의 의도 범위 내에서 '어떻게'에 관한 것을 현장 상황에 맞게 조치하는 것)'를 보장받는 지휘유형이다.

임무형 지휘는 전쟁 양상이 가변적이며 예측 불가능하다는 가정에 바탕을 두고 있기 때문에 예하 부대의 융통성이 보장되고 분권화된 지휘 경향을 보인다. 임무 완수를 위한 지휘관 의도 내에서 각급 제대의 예하 지휘관이 훈련된 주도권(지휘관 의도 내에서 행사하도록 평시부터 부대의 전체 목표에 지향되어 발휘되도록 훈련된 부하의 주도권)을 적극적으로 행사할 때 성공적인 임무형 지휘가 가능하다.

임무형 지휘는 권한과 정보와 자원이 분권화되고 신속한 흐름이 가능한 유기적 조직에 적합하며, 유기적 조직에서 의사소통은 상호작용적이고 수직과 수평적이며 위임형, 변혁적 리더십 유형이 적합하다.

임무형 지휘는 예하 제대 리더의 능력이 잘 갖추어지고 적절한 권한과 자원이 할당될수록 매우 효과적이지만 현장 상황에 대처할 자원이 제공되지 않거나, 부하의 능력이 부족하여 상급 제대 리더의 의도를 명확히 이해하지 못할 때는 기대했던 결과를 가져올 수 없다.

'임무형 지휘와 통제형 지휘 중 어느 것이 더 우수한 지휘 방법인가?' 하는 질문은 사실 무의미하다. 임무형 지휘와 통제형 지휘는 적용해야 할 시기가 따로 있기 때문이다. 여기서 임무형 지휘를 강조하는 것은 전장 상황과 사회의 변화에 따라서 임무형 지휘가 좀 더 유용할 것이라는 판단에서이다.

다. 임무형 지휘 수행 기반

(1) 임무형 지휘의 형성 조건

임무형 지휘의 수행 기반은 임무형 지휘의 적용을 위한 기본 전제 조건과 상·하 리더 간 임무형 지휘의 활성화를 위한 구비 역량을 말한다. 먼저 임무형 지휘가 실현되기 위한 전제 조건을 확인해 보도록 한다.

(가) 전술관 공유

임무형 지휘를 수행하기 위해서는 첫 번째 조건으로 상위 제대 리더와 하위 제대 리더 간에 전술관의 일치를 확보해야 한다. 전술관이라는 것은 군사사상 체계에서부터 전술적 조치에 이르기까지 일관된 견해를 가진 군사적 식견을 의미한다. 따라서 일치된 전술관 없이는 상·하 리더 간 임무형 지휘가 형성될 수 없다. 상·하 리더 간 전술관이 공유되었을 때 서야 비로소 임무형 지휘의 토대가 마련되었다고 볼 수 있다.

(나) 신뢰성 확보

임무형 지휘를 수행하는데 또 하나의 조건이 상·하 리더 간 신뢰성 확보이다. 전장에서의 임무 수행은 동료에 대한 신뢰에 기초하는 바가 크다. 특히 임무형 지휘는 상위 리더의 하위 리더에 대한 인간적 믿음에서부터 시작하여 직무 능력에 대한 신뢰성과 군사적 임무 수행에 대한 100%의 신뢰가 뒷받침되지 않고서는 발현될 수 없다.

상위 리더의 하위 리더에 대한 100% 신뢰를 보장하기 위해서는 평시부터 상위 리더의 부하의 능력 계발을 위한 지대한 노력이 병행되어야 하고 하위 리더도 평시에 상위 리더의 전술관을 확인하고 지휘주목을 습성화 해야 한다.

(다) 부하의 임무 수행 여건 보장

임무형 지휘는 평시의 부대 관리나 교육훈련부터 시작하여 전시에 창의적인 전략과 전술이 발현될 수 있도록 해야 한다. 이를 위해서 상위 제대의 리더는 자신의 자원을 하위 리더에게 할당해 줌으로써 임무형 지휘를 수행할 수 있는 여건을 마련해 주어야 한다.

임무형 지휘는 지휘관 의도 내에서 창의적으로 발휘될 수 있도록 지도하며 핵심적인 분야에 있어서는 완전무결하게 임무를 처리할 수 있도록 평시부터 지도하고 관리해야 한다.

(2) 상위 리더의 역량 구비

임무형 지휘의 수행을 위해서 상·하 리더 간에 양방향으로 작용하는 리더십이다. 임무형 지휘의 성공적인 정착과 시행을 위해서는 상위 리더의 역할이 중요하다. 상위 리더는 하위 리더에게 다양한 방법으로 영향력을 행사할 수 있으며 그 방안은 다음과 같다.

(가) 명확한 상위 리더의 의도 제시

상위 리더는 하위 리더에게 임무, 목적, 부하 임무 수행에 대한 자신의 복안, 작전이 종료된 후 최종 상태 등을 명확히 제시한 후 임무를 수행하도록 해야 한다. 상위 리더가 명확한 지휘 의도를 제시함으로 해서 하위 리더가 자신의 지휘 의도를 명찰하고, 그 지휘 의도 내에서 행동의 자유를 보장받고 활동할 수 있도록 해야 한다.

따라서 임무형 지휘는 상위 리더기 포괄적 지침만을 내리거나 책임을 하위 리더에게 전가하는 행동 등과는 명확히 구분되어야 한다. 상급 리더의 명확한 의도는 곧 하급 리더가 행동할 수 있는 나침판이 될 수 있어야 한다.

(나) 자원과 수단의 제공

상위 리더는 임무형 지휘의 성공적 임무 수행에 필요한 각종 자원과 수단을 하위 리더에게 제공해야 한다. 임무형 지휘를 수행하기 위한 상급 리더의 자원과 수단에는 병력, 장비, 물자, 예산, 필요한 권한 등 하급 리더가 임무를 수행하는 데 필요한 모든 것이 포함된다.

임무형 지휘를 수행하면서 상급 리더가 임무수행에 필요한 각종 자원과 수단을 제공하지 않거나 하위 리더에 모든 것을 전가하는 것은 임무형 지휘의 본질을 잘못 이해하고 있는 것이다. 자신의 자원뿐만이 아니라 필요한 자원을 최대한 확보하여 지원하여 예하 리더가 작전을 수행하는데 부족함이 없도록 지원해야 한다.

또한 임무형 지휘의 성공을 보장하기 위해서는 임무수행 간 상·하 리더 간에 자연스러운 의사소통이 평시부터 이루어질 수 있는 분위기와 여건이 조성되어 있어야 한다. 상호 의견 교환과 토의 과정에서 일치된 전술관을 확인하고, 신뢰성을 확보하도록 하여 임무수행 여건을 향상시킬 수 있도록 노력해야 한다.

(다) 창의적인 시행착오에 대한 관용

상위 리더는 임무 수행 간 발생하게 되는 하위 리더의 '창의적인 시행착오'에 대해서는 자신이 감당할 수 있는 책임과 권한 내에서 관용을 베풀어야 한다. 이는 하위 리더의 '창의적이고 적극적으로 임무를 수행하고자 하는 제반 노력'을 인정하는 것이기도 하며, 하위 리더의 모험정신과 창의성을 확대시켜 자기 계발을 촉진시키는 것이며, 하위 리더에 대한 자발적 복종을 증대시키고 행동에 대한 동기를 부여하는 것이다.

하지만 상위 리더의 관용은 계산된 모험(현장 상황, 자원, 수단, 능력 등을 고려해 임무 달성이 가능하고, 임무 달성에 보다 더 효과적이라고 판단되었을 때 행하는 모험) 내에서의 관용이어야 한다. 상위 리더는 모험이 실패했을 시에 미칠 파장을 계산하고, 이 모험이 자신의 의도 내에서 발생할 수 있도록 계산하여야 한다.

(라) 부하 능력 계발

상위 리더는 하위 리더에 대한 부단한 지도와 감독을 통하여 하위 리더가 자발적·창의적·주도적으로 임무를 수행할 수 있도록 교육하며 지원하여야 한다. 평시 이러한 노력이 하위 리더의 능력을 계발하고, 전술관을 공유하게 하며, 임무형 지휘를 성공적으로 실현하기 위한 밑바탕이 된다.

(3) 하위 리더의 역량 확보

임무형 지휘의 성공은 상·하 리더의 역량에 달려있다. 따라서 상위 리더의 구비 역량 구비와 함께 하위 리더의 역량이 확보되어야 비로소 상위 리더의 리더십 발휘도 가능해 진다.

(가) 직무 전문성

임무형 지휘에서 하위 리더의 가장 중요한 요소가 상위 리더의 신뢰성 확보이다. 하위 리더가 먼저 상위 리더의 지침을 명확히 이해할 수 있어야 하며, 직무에 대한 전문성과 더불어 전술적 식견을 구비하고 능동적·창의적으로 임무를 수행할 수 있어야 한다.

직무 전문성은 부단한 노력을 통해서 획득할 수 있다. 평소의 교육훈련을 통해서 상급 리더의 전술관을 지속적으로 확대하며 또한 자신의 노하우(Know-How)를 지속적으로 축척해야 한다. 다음 교범과 전사 등 각종 군사 서적을 탐독하여 전문 지식을 습득하거나 경험자의 경험을 청취하는 등 다양한 방법을 통한 전문성 향상에 노력해야 한다.

(나) 상급 리더의 의도 이해

상위 리더에게 부여받은 임무에 대한 명확한 이해가 필요하다. 이를 위해서는 평시부터 지휘관의 전술관과 의사결정 과정을 공유할 필요가 있다. 전술관을 공유하고 임무수행절차를 공유하는 방법에는 복명복창과 임무브리핑이 있다.

복명복창은 평상시에도 시행하고 있는 것으로 자신에게 주어진 임무에 대해 재진술하는 것이다. 이러한 복명복창을 수행함으로 해서 본인에게 주어진 임무에 대한 시행착오를 방지하고 상·하 간 의사소통의 혼돈을 방지할 수가 있다.

다음 임무브리핑은 하위 리더가 임무를 부여받은 후 상위 리더에게 자신이 '어떻게(How To) 임무를 수행할 것인가'에 대한 브리핑이다. 이때 상위 리더는 하위 리더의 임무 수행에 대한 이해 여부를 확인하게 되며, 하위 리더 역시 상위 리더의 의도를 명확히 이해하게 되는 과정이다. 이 과정을 거쳐 상·하 리더 간에 상호 신뢰감이 형성되며, 전술관을 공유하게 된다.

(다) 자발적 복종

자발적 복종은 하위 리더가 '상위 리더의 입장에서 상위 리더의 지휘 의도에 맞추어 부여된 임무를 창의적이며 적극적으로 추진하여 수행하는 것'을 말한다. 이는 하위 리더의 입장이나 편의성 또는 자의성 등을 배제한다는 의미이다. 따라서 자발적 복종이야말로 임무형 지휘의 본질이라 할 수 있다.

전장의 상황은 빠르게 변화하기 때문에 이전의 명령이나 지시가 상황과 적합하지 않을 수 있다. 이때 하위 리더는 상위 리더의 의도나 작전 목적을 기초로 하여 현장 상황에 부합하게 판단하고 적극적으로 조치하여야 한다. 이러한 자발적 복종 속에서 임무형 지휘가 발현한다.

(라) 책임 의식

임무형 지휘를 수행하면서 가장 중요한 덕목은 책임 의식의 견지이다. 자신이 수행한 결과에 대해 명확한 책임 의식을 견지하고 임무를 수행하여야 한다. 이 책임 의식 속에서 부하의 자발적 복종을 유도할 수 있는 것이다. 만약 자신의 행위를 그 누구에게 책임을 전가하고 묻는다면 상·하 리더 간 또는 동료 간에 신뢰가 저하되어 임무형 지휘는 더 이상 발현되기 어렵다.

(4) 임무형 지휘의 딜레마

임무형 지휘는 현대전쟁 리더십 발휘에 매우 유용한 지휘 철학임에 틀림없다. 그러나 임무형 지휘를 적용함에 있어 그 개념을 명확히 해야 할 부분이 있다. 그것들은 다름 아닌 책임과 자율의 문제로 이에 대한 명확한 이해와 구분이 없이는 혼란을 야기할 수 있다.

(가) 책임과 자율

임무형 지휘는 지식노동에 기반을 둔 능동적 책임을 중시하는 현대의 산업체계와 현대전 수행에 적합한 리더십이다. 임무형 지휘는 전장 상황의 변경이나 단절로 인한 상황에서 상급 리더의 의도에 맞게 하위 리더가 창의성을 발휘하여 상황을 타개하는 것을 말한다.

이 상황 타개의 과정은 하의 리더의 자율성을 기반으로 하고 있다. 따라서 하위 리더는 자신의 의지에 따라 자율적으로 행동을 전개지만 이는 상위 리더의 의도와 작전 목적 내에서의 행동임을 명심해야 한다. 즉 하위 리더는 자율적 행동에 대하여 스스로 책임 의식을 견지하고 해야 한다.

(나) 무능력과 역량

상위 리더는 상황의 변경과 현장 상황의 지휘 제한 등에 봉착했을 때 세부적인 행동 사항을 현장에서 지휘하고 있는 하위 제대의 리더에게 위임할 수 있는 데, 이때 상위 리더는 자신의 책임을 모면하기 위해서 위임하던가 또는 조치에 대한 자신감의 결여로 일임하는 일이 없도록 해야 한다. 임무형 지휘를 책임의 회피나 능력의 결핍을 숨기기 위해 악용하는 사례가 없어야 할 것이다.

(다) 상황 조치와 명령 불복종[73)]

임무형 지휘는 현장 상황에 대한 상급 리더의 오판과 급변하는 상황의 변화에 대한 현장 리더의 시의적절한 조치를 의미한다. 따라서 상위 리더가 공격을 명령할 때 하위 리더가 자신의 판단에 확신이 서는 경우에는 일시적 후퇴도 감행해야 하며, 반대로 방어를 명할 때 공격을 할 수 있는 용기가 필요한 것이다.

이러한 상황은 실제로 제2차 대전의 '바바로사 작전'에서 독인군과 소련군의 전투에서 발생했다. 실제로 히틀러의 공격 명령에 반해 치명적인 피해를 피하기 위해 철수를 감행했던 독일군 장성들이 히틀러에 의해 해임되기도 했다. 따라서 임무형 지휘가 가능하려면 고도의 교육훈련, 부대 응집력, 일정 수준 이상의 능력 등의 조건이 선행되어야 한다.

(라) 복종과 개성의 존중

임무형 지휘는 군 체계 내에서의 일반적인 명령에 대한 복종이라는 문제와 개개인의 독자성 및 개성을 인정하는 시민사회적 특성이라는 점에서 모순이 노출된다.

따라서 임무형 지휘는 이를 수행하는 집단이 보통 이상의 훈련이 되었을 때 가능하다. 이를 위해서는 높은 수준의 전문 직무 수준 능력과 더불어 능동적인 책임감 등의 도덕성 등이 겸비되어야 한다.

고기를 잡아주는 것보다 고기 잡는 법을 가르쳐 주는 것이 최고의 유산이다.

– 탈무드

73) 제2차 대전 초기 독일군의 뫼즈강 도하작전 시 Guderian(구데리안)과 Rommel(롬멜)은 자기 부대의 독단작전을 위해 자신을 해임해 달라고 요구하거나 심지어 상급부대와 자기 참모와의 연락을 의도적으로 회피하고 전전하였다.

※ **수시평가(과제평가) 19차 :** 작성 후 절취선을 따라 분리 제출하시오.

❒ 임무형 지휘 사례(한국군 동락리 전투)를 읽어 보세요.

6·25전쟁이 발발하고 서전에서 패배한 한국군은 서부와 중동부 방향에서 남하하고 있었다. 당시 춘천·양구 지역 서전에서 한국군 최초로 북한군에 승리를 거둔 제6사단은 중부전선에서 남하하고 있었고, 이를 북한군 제15사단이 이를 추격하고 있었다.

7월 7일, 제6사단 7연대 2대대가 음성지역의 644고지 일대에서 방어진지를 편성하고 있었다. 이때 대대장 김종수 소령은 인근 동락초등학교에 "북한군이 집결하고 있다."는 첩보를 학교 여선생님으로부터 입수하게 된다. 이를 확인한 결과 동락초등학교 일대에 북한군 제15연대 48연대 병력이 한국군이 모두 퇴각한 것으로 오판하고 경계 없이 집결하여 저녁 식사를 준비하고 있었다.

대대장은 연대장의 명령인 644고지 일대에 진지를 먼저 구축할 것인가? 아니면 노출된 적을 먼저 공격할 것인가?를 고민하다가(연대장에게 보고하여 조치를 받으면 실기할 것으로 판단) 적을 먼저 공격하는 것이 연대장의 의도와 상급부대의 작전 상황에 부합할 것이라고 판단하고 먼저 공격하기로 했다.

대대장은 예하 중대를 동락초등학교 일대로 은밀히 이동시켜, 17시를 기하여 일제히 공격을 개시하였다. 불시에 기습을 받은 북한군 제15사단 48연대 주력은 다음 날 아침까지 대부분 격멸되었다. 이 전투에서의 전과는 북한군 사살 800여 명, 연대 군수참모 등 80여 명을 생포하였고, 많은 장비를 노획하는 등 전쟁이후 얻은 가장 큰 전과를 얻었다. 이 전투로 보병 제6사단 7연대는 대통령 부대표창과 함께 전원 1계급 특진하였다.

❒ 동락리 전투의 승리요인을 요약하여 발표하세요.

4. 외국군 리더십

가. 미국군

(1) 리더십 발전 과정

미군은 20세기 이후 세계의 주요 전쟁에 지속적으로 참가 하였다. 미군은 이를 통해 전략·전술뿐만이 아니라 리더십도 분야도 획기적으로 발전시켰다. 특히 미군은 베트남전쟁을 기점으로 하여 소부대전투나 격리지역에서의 단독전투 등에 관심을 가지게 되었고, 이는 간부에 대해 리더십을 강조하는 계기가 되었다. 미군의 리더십 교범인 FM100-5(1986)와 FM22-100(1983) 등을 보면 소부대 단위 리더십이나 팀워크의 중요성이 잘 언급되어 있다.

미군이 이렇게 최근에 리더십에 관심을 가지고 군대 내에 접목하는 배경에는 뼈아픈 과거에 대한 깊은 반성이 있었기에 가능했다. 미군은 한때 전략보다는 과학기술, 전술보다는 과학적 관리기법, 군사 전문 직업의식보다는 관료제, 기타 분석적 비교 계량화 방법에 의한 선호가 지배[74]적이었다.

이러한 문화에서 전투원은 관료주의적 부품으로 전락하고, 상급 지휘관은 정보를 독점하고 무조건적인 맹목적 복종을 요구하였다. 이러한 현상은 베트남전쟁에 영향을 미쳤으며, 효과적인 전투력 발휘와 임무 완수에 부정적 영향을 초래했고 결국 전쟁에 실패했다.[75]

베트남전쟁 이후 미 육군은 리더십을 혁신하기 시작했다. 기존의 경영과학문화 중시 개념에서 전투 수행에 중점을 둔 사고체계를 전환하였다. 특히 리더십은 도덕적 용기와 공정성, 정직성 등을 강조하며 전쟁에서 인적자원의 중요성을 재인식하고 군에서의 바람직한 인간관계와 도덕적 원칙 준수, 인간의 전인적 능력 계발에 관심을 두었다.

이와 같은 역사적 교훈과 배경에서 전개된 미군의 리더십은 1990년대의 걸프전에서 그 효과성이 입증되었다.[76] 미군의 리더십 연구는 국방부와 각 군에서 별도로 진행한다. 육군 리더십 규정(AR 60-100)은 미 육군 리더십의 기본 문건이다.

---

74) 로버트 엘 베이트맨 3세 편저, 윤주학 역(2000), 상게서, 308~309

75) Harry G.Summer(1992), 54~144쪽

76) 강경표 외(2012), 상게서, 165~166쪽

(2) 리더십의 범위

(가) 리더십 계발

미 육군은 2006년 새로운 리더십 교범을 발간하면서 리더란 '계급이나 직책에 관계없이 부여된 역할이나 책임에 따라 조직의 목표 달성을 위해 조직 지휘계통 내부 및 외부의 사람들에게 동기를 부여하고 영향을 미치는 사람', 리더십을 '리더가 조직의 목표를 달성하고 임무를 완수하고 조직을 향상시키기 위해 구성원들에게 동기부여, 목적 및 방향 제시 등을 통해 영향력을 미치는 과정'으로 정의하고 있다.

이 문구에서 알 수 있는 것은 미 육군은 리더에 관하여 '공식적 리더뿐만이 아니라 구성원 누구라도 리더가 될 수 있으며 그 임무를 수행해야 한다.'는 것과, 구성원은 '상관과 부하 사이에만 한정되지 않고, 임무 수행과 관련된 전방위적 관계'라는 것이다.

더 나아가 리더란 항상 부하를 이끌기만 하는 것이 아니라 팀의 일원이자 어떤 면에서는 리더의 리더임을 말하고 있고, 부하 역시 이제는 수동적 대상만이 아니라 팀의 일원으로서 책임을 공유하는 일원임을 명시하고 있다.

미군의 이러한 리더십은 베트남전쟁 이후 계속 발전시켜온 개념으로, 21세기의 변화된 안보환경 및 전쟁 양상과 관련하여 '확대'와 '참여'를 강조하고 확장시킨 것이다.

미군은 임무 수행이 효과적으로 이루어지기 위해서는 계급과 직책 위주의 위계적 상하관계에서 진일보하여, "군 구성원 모두가 리더이자 팔로워로서 전인적 역량을 구비하고, 도덕적·윤리적 올바름과 더불어 군사적 전문성을 겸비하고 상황에 따라 적극적으로 리더십을 발휘할 수 있어야 한다."[77]고 보고 있다. 이것이 바로 미 육군이 21세기의 새로운 전쟁에 대비하여 새롭게 지향하는 리더십 개념이다.

(나) 리더십의 중심 사상과 핵심역량[78]

미 육군은 광의의 정보, 임무형 지휘, 이동 및 기동, 정보, 화력, 작전 지속 및 방호 등과 함께 리더십을 하나의 전투력 요소로 보고 있으며, 그 중 리더십이 다른 요소를 통합한다고 보고 있다. 미 육군은 21세기의 새로운 환경과 도전에 능동적으로 대처할 수 있는 자질과 역량을 갖춘 시대가 요구하는 새로

77) 강경표 외(2012), 상게서, 167쪽

78) 박유진 외 9(2016), 상게서, 166~168쪽

운 유형의 리더를 양성하고자 한다.

이를 위해 미 육군은 다음의 표와 같이 리더의 핵심역량 10개를 선정하여 운용하면서, 무엇이든 할 수 있는 자신감과 정직함을 갖추고, 지혜롭고 동기를 부여할 줄 아는 자질을 갖춘 리더와 더불어, 이끌기 · 개발 · 성취로 대별되는 역량을 갖춘 리더를 양성하고자 한다.

미 육군은 리더와 리더십의 개념을 바탕으로 2012년 교리에서 '군 리더는 어떤 자질(Be, 인격)을 갖추어야 하는가?', '어떤 능력(Know, 역량)을 갖추어야 하는가?', '어떻게 행동(Do, 실천)을 하고 실천할 것인가?'를 더욱 구체화하는 리더십 모형을 발전시키기도 했다.

미 육군의 리더십의 중심 가치는 육군 가치관과 전사 정신으로 무장하고 육군이 요구하는 자질을 구비한 후 핵심역량을 행동으로 표출할 수 있는 능력있고 자신감이 충만하며, 적응력이 뛰어난 '다재다능한 리더를 양성'하는 데 있다고 할 수 있다.

미 육군 리더십 핵심 역량

☐ 타인 이끌기	☐ 신뢰 구축
☐ 솔선수범	☐ 부하 계발
☐ 청지기 정신 배양	☐ 임무 완수
☐ 지휘계통을 넘어선 영향력 확대	☐ 의사소통
☐ 긍정적 환경조성과 단결력 배양	☐ 자기 계발

나. 캐나다군[79)]

(1) 리더십 발전 과정

영연방 국가 중의 하나인 케나다 군은 6만 명 수준으로, 군대를 통합군 체제로 유지하면서 세계 평화 질서유지에 많은 투자를 하고 있다. 케나다 군의 현대 리더십 개발 과정은 미 육군과 유사한 경험과 과정을 가지고 있다. 캐나다군은 1990년대 소말리아에 파견된 해외 파병부대에서 군 작전수행과 관련된 윤리, 도덕적 문제로 군 리더십을 혁신하기 시작하였다.

캐나다군은 국방대학교 리더십연구소에서 국방성 차원에서 리더십 교리를 연

79) 강경표 외(2012), 상게서, 171~174쪽, 박유진 외(2016), 상게서, 169~171쪽 재정리

구하고 교범을 발간한다. 리더십 교리와 교육은 부사관 기본 군사 자격, 장교 최초 평가 과정, 고급 제대 전문성 개발과정 등으로 운용하고 리더십 관련 최상위 교범은 리더십 교리이다.

(2) 리더십의 범위

(가) 리더십 계발

캐나다군의 리더 계발 목표는 '명예로운 의무를 하는 리더 양성'이다. 캐나다군은 직업전문주의로 국가와 사회발전에 자발적으로 봉사하고 있는 유일한 집단으로 명예로운 의무를 다할 수 있도록 리더십을 계발하고 있다.

따라서 현역과 예비군, 장교와 부사관에게 동일한 가치 기반의 리더십 배양하고 상황에 따라 누구라도 자발적으로 리더가 될 수 있다는 개념의 분권적 리더십 계발을 지향하고 있다.[80)]

(나) 리더십의 중심사상과 핵심역량

캐나다군의 리더십은 위에서 알아본 바와 같이 2개의 중심 사상이 존재한다. 하나는 일반적인 '가치중립적 리더십'이고 또 하나는 캐나다 군이 추구하는 '효과적인 리더십'이다. 이는 현대전장의 특성에 따라 리더의 유연하고 독립적인 사고와, 사회발전 추세에 따른 새로운 리더십이 요구되기 때문이다.

가치중립적 리더십은 공식적 권위 또는 개인적 특성에 따라 공유된 목표를 달성하기 위해 직·간접적으로 사람들에게 영향을 주는[81)] 리더십이다. 효과적 리더십이란 '리더가 구성원들의 전문적, 윤리적으로 임무를 완수하는 데 기여할 수 있도록 방향을 제시하거나 동기부여 하는 것'이라 정의된다.

아울러 효과적 리더란 '캐나다군의 전사 정신을 기반으로 하여 임무를 완수하고 구성원들을 돌보며 상위 조직과 팀의 입장에서 생각하고 행동하며 변화를 수용하는 사람'이라고 정의하고 있다. 효과적 리더십이란 군 임무 수행에 필요한 전문성과 윤리성을 강조하고 있음을 알 수 있다.

캐나다군은 미 육군의 리더십을 일부 받아들이면서 5개의 리더십 역량(전문적 역량, 사회적 역량, 인지적 역량, 혁신 역량, 직업주의 역량)을 발휘하도록 하고 있다. 캐나다군은 전문직업주의가 우수한 군으로 모든 리더들은 리더십

80) 박유진 외(2016), 상게서, 169~170쪽

81) Canadian National Defence, 『Leadership in the Canadian Forces, Ottawa』 : Canadian NationalDefence HQS, 2007, 7쪽

원칙에 입각하여 행동하도록 강조하며 리더십 원칙은 다음 표와 같다.[82]

캐나다군 리더십 원칙

□ 군사 전문 역량을 습득하고 자기 계발하라.
□ 목표와 의도를 명확히 하라.
□ 문제를 해결하고 적시에 결심하라.
□ 지시하라, 그리고 설득, 솔선수범, 고난에 동참하여 동기부여 하라.
□ 요구조건과 실전적 조건 하에서 개인과 팀을 훈련시켜라.
□ 팀웍을 구축하고 단결시켜라.
□ 부하들에게 알려주어라. 상황과 결심한 내용을 설명해 주라.
□ 부하들을 공정하게 대하고 관심사항 조치와 이익을 대변해 주라.
□ 개인 경험과 타인의 경험으로부터 배우라.
□ 부하들에게 조언하고 교육시키며 개발하라.

다. 독일군

(1) 리더십 발전 과정

독일군은 나치 정권이라는 역사적 배경과 함께 독특한 전통을 유지하고 있다. 제2차 세계대전 이후 전통주의자들과 개혁주의자들은 지속적으로 대립하였으며 개혁주의자들은 독일 연방군에 모범적인 전통 수립을 주장하였다.[83]

독일군의 리더십은 모병제로 전환, 해외 파병 임무 수행에 따른 타 문화 이해, 자국서 창시된 임무형 지휘가 권한과 행동의 자유를 위임하는데 반해, 간섭과 통제를 하고자 하는 의식 사이에 나오는 불일치 등등이 관심 대상이었다.

(2) 리더십의 범위

(가) 리더십 계발

독일군은 동·서독군이 통합된 연방군 체제이다. 국방성과 합참 직할부대인 내적 지휘센터에서 리더십이 연구되고 있으며, 독일 연방군 군인 양성 및 리더 개발 목표는 '군복 입은 민주시민으로서 모든 군인들이 구현해야 하는 모

82) 임채상(2014), 『육군리더십 철학 정립 연구(리더십 센터 연구보고서)』, 42쪽
83) 임채상(2014), 『육군리더십 철학 정립 연구(리더십 센터 연구보고서)』, 28~37쪽

습이며 리더의 역할을 강조하고 있다. 즉 독일 연방군은 사회의 일원임을 인식하게 하고 동시에 군대가 가지고 있는 책무는 바로 헌법과 법규를 올바르게 준수해야 된다는 점을 강조하고 있다.[84)]

내적 지휘의 기본은 헌법 기본법의 가치와 규범에 기초한 독일 연방군의 윤리적, 법적 기본사상이다. 기본 철학은 헌법 제1조인 "인간의 존엄은 불가침이다. 존중하고 보호하는 것은 국가권력의 의무이다."라는 가치에서 출발한다.

이는 독일군이 과거 히틀러의 범죄 도구로 이용된 것에 대한 반성으로 다시는 이러한 과오를 범하지 않겠다는 의지가 반영된 것으로, 자유민주주의 틀 안에서 '군인의 자유와 권리를 최대한 보장'하고자 하는 데 있다.[85)]

독일군의 임무형 지휘(Fhren mit Auftrag)는 군의 핵심으로 등장한 에리트 장교 집단에 위임된 특이한 지휘 방식에 뿌리를 두고 있다. 지휘관은 명령과 목표를 수행하면서 언제, 어디서, 어떻게 할 것인가에 대한 자율권을 가지고 있다. 언제, 어디서, 어떻게 임무를 달성할지에 대한 방법과 수단은 근본적으로 각 지휘관에게 위임된 것이 독일군 임무형 지휘의 기본 개념이다.[86)]

(나) 리더십의 중심 사상과 핵심 역량

독일 연방군의 리더십은 내적 지휘 8대 원칙에 기반을 두고 있다. 이는 독일 연방군의 리더십 발현을 위해서 연방 군인이 필수적으로 갖추어야 할 자질이자 기본 소양이다. 독일군의 내적 지휘 8대 원칙은 다음과 같다.

독일군의 내적 지휘 8대 원칙

- □ 용감하라.
- □ 충성하고 성실하게 근무하라.
- □ 전우애를 발휘하고 타인을 배려하라.
- □ 군기를 유지하라.
- □ 역량을 구비하고 학습 의지를 가지라.
- □ 자신에 대한 신뢰성과 타인으로부터 신뢰를 구출하라.
- □ 타 문화에 대하여 공평과 관용을 베풀고 개방하라.
- □ 올바른 행동과 잘못된 행동을 구별하라.

---

84) 박유진 외(2016), 상게서, 172쪽

85) 박유진 외(2016), 상게서, 173쪽

86) 강경표 외(2012), 상게서, 171~174쪽

라. 일본군[87]

(1) 제2차 세계대전 시의 리더십

일본군은 제2차 세계대전 이전까지 고도의 관료제를 채택한 합리적인 군대 체제를 유지하였다. 하지만 실제로는 관료제 안에서 합리성이 매우 결여된 인적 네트워크로 점철된 특이한 구조를 가진 군대였다.

일본은 프러시아의 일반참모부 모델을 참조하여 일반 참모를 양성하기 위해 육군대학교를 설립하고, 우수한 청년 장교들을 교육시켰다. 이들이 졸업하면 중앙 부서와 부대의 참모 및 지휘관으로 등용하였다. 이들은 점차 일본 군부와 정부의 요직을 독점하여 결과적으로 일본군 내의 폐쇄성을 확장시켜나갔다.

군내에서는 육군대학 출신자를 중심으로 한 최고 엘리트 집단이 참모라는 직무를 통하여 지휘권에 강력하게 개입했고, 이에 따라 군의 지휘계통은 흔들렸다. 이렇게 당시 일본군은 명확한 관료제적 조직계층과 강력한 정서적 결합이 허용되는 시스템이 공존하였으며, 조직 구조상 집단주의적 특성을 보이고 있다.

집단주의라는 것은 개인의 존재를 인정하지 않고 '집단에 봉사와 몰입'을 최고의 가치 기준으로 삼는 태도를 말한다. 이는 '조직인가?', '개인인가?'의 선택의 문제를 떠나, 조직의 공생을 위해서 인간과 인간의 관계 그 자체가 중요한 가치로 인정되는 일본식 특유의 집단주의이다. 이런 일본군의 원리는 제2차 세계대전에서 작전 진행과 종결의 의사결정을 결정적으로 지연시켜 돌이킬 수 없는 패전으로 이어진 원인 중의 하나가 되었다.

제2차 세계대전 당시 미군은 군의 전력은 종합전력(통합)이라 이해하였다. 반면 일본은 육·해·공 3군이 공동 연구 같은 것은 아예 없었고, 멍치시대 이후로 40년 가까이 합동작전이나 연습 없이 육군은 러시아를, 해군은 미국을 가상적국으로 상정하여 각자 준비해 왔다.

일본은 전쟁 간 대본영(大本營)이 설치되어 삼군을 통합할 책임과 권한이 있었지만, 그 안에서도 육·해군은 독자 기구와 참모조직을 갖추고 있었고, 상호 완전히 분리된 병존 체제였다. 결국 일본군의 통합작전은 조직기구나 시스템보다는 개인의 인적 네트워크에 의해 실현되었다. 이는 결과적으로 일본군의 체계적인 통합을 저해하고 통일성과 일관성을 상실하게 했다.

---

87) 강경표 외(2012), 상게서, 178~184쪽 요약

(2) 리더십의 실패와 극복

제2차 세계대전 이전의 일본군 리더십 학습 역사를 알기 위해서 당시 교육기관과 학습에 살펴보고자 한다. 일본군의 장교가 되기 위해서는 육군은 육군사관학교, 해군은 해군 병과학교에서 교육을 받아야 한다. 이들 학교를 수료하고 임관한 장교 중 특히 우수한 자는 육군대학과 해군대학으로 진학하여 교육을 받고 고급지휘관과 참모로 등용된다. 일본의 고급지휘관과 참모의 대부분은 이 2가지 교육기관을 졸업한 자들로 이루어졌으며, 이 교육기관의 교육제도는 일본군의 조직 학습에 큰 영향을 미쳤다고 볼 수 있다.

청과 러시아 전쟁에서 일본군은 승리하고 많은 것을 배웠으나 시간이 경과되면서 일본군의 각급 교육기관은 주어진 목표를 효과적으로 수행할 수 있는 방법을 기존의 수단에서만 찾으려 했다. 과제나 목표는 창조되거나 변혁되는 리더십은 요구되지 않았다. 교범에 제시된 암기식 재현이 최고로 평가되었다.

해군의 진급 서열도 성적 만능주의가 강해서 순서가 정해져 있었고, 성적이 우수한 자가 장군으로 진급하는 경우가 압도적이었다. 육군도 엘리트 그룹과 그 외 그룹으로 나뉘었고, 합리주의에 입각한 신상필벌을 관철하기가 곤란했다.

이제 당시의 일본군은 자위대라는 이름으로 부활하였다. 일본군은 비록 미국의 정책 변화에 따라 태동되었지만 이제는 동아시아에서 중국과 해·공군력에서 최고를 다투는 군사력을 보유하고 있다. 최근의 자위대는 전수방어(傳守防禦)의 개념에서 벗어나 전쟁을 할 수 있는 군대로 변모해 가고 있다.

일본군은 과거의 전쟁의 패인을 면밀히 분석하여 새로운 부대로 거듭나고 있다. 특히 조직 내에서 개인의 능력 중심에서 조직의 통합과 단결을 도모하는 데 있어 리더십의 중요성을 패인 분석을 통해 알고 있는 일본으로서는 새로운 모습의 간부 육성에 만전을 기하고 있다.

사람은 안으로 향하면 '혼자'가 되고 밖으로 향하면 '하나'가 된다.

– 김영훈

⁂ **수시평가(과제평가) 20차 :** 작성 후 질취선을 따라 분리 제출하시오.

❐ 칭기즈칸의 리더십 일화를 읽어 보세요.

12세기 초 몽골고원을 통일하고 세계 대제국을 건설한 사람이 바로 칭기즈칸이다. 그는 "사람 하나하나를 소중히 여기고 그들을 뭉치게 하라."는 어머니의 가르침에 따라 일생을 살면서 사람들을 모으고 그들의 협력과 충성을 이끌어 냈다.

우선 칭기즈칸은 공부를 하지 않아 문맹이었지만 마음만은 그 누구보다도 넓은 도량을 보였다. 그래서 야율초재와 같은 이방인들을 고관으로 활용하여 약탈과 파괴의 유목문화를 포용의 문화로 만들었고, 세계 제국으로 성장시켰다. 그는 다양한 문화, 다양한 종교, 다양한 민족을 받아들여 문화의 융합을 만들어냈다. 그리고 칭기즈칸은 친화력을 발휘하여 누구나 자연스럽게 자신의 의견을 발표할 수 있도록 하기 위해서 자신부터 마음과 귀를 열었다.

이리하여 문화는 융성하고 국민들의 삶의 질은 향상되었다. 더욱이 그는 능력위주의 공평하고 평등한 정책을 실현하였다. 전쟁에서 공을 세우는 자는 신분과 민족을 가리지 않고 진급시켰으며, 제국을 운용하면서도 필요하면 이질적 문화의 인재도 등용하여 활용하였다. 전쟁에서도 분란의 소지를 없애고 승리를 보장하기 위해 전쟁에서 얻은 전리품을 공평히 분배하였다.

하지만 그는 배신에 대해서만은 용서하지 않았다. 자신에 대한 배신은 물론 적이라 하더라도 자신의 군주를 배신하는 경우는 용서함이 없었다. 이러한 칭기즈칸의 리더십은 전쟁에서의 승리는 물론 몽골을 세계의 제국으로 성장시킬 수 있는 큰 밑거름이 되었다.

❐ 칭기즈칸의 리더십에 대해 요약하여 발표하세요.

제Ⅲ장 환류 교육

제1절 향상학습

강의 내용 중 평가를 통한

미진 단원 재강의 / 보완

구분	학습 목표	평 가
내용	• 미진 단원에 대한 강의를 통해 미진 부분을 설명할 수 있다.	• 미진 단원 설명 후 질의응답식 평가

제2절 심화학습 : 손자병법 리더십

구분	학습 목표	평 가
1	• 손자병법을 통하여 리더십 발휘 원칙을 설명할 수 있다.	관찰 / 서면
2	• 병서 리더십을 실 사례와 관련지어 설명할 수 있다.	

1. 손자병법(孫子兵法) 소개

손자병법은 중국의 춘추시대(B.C. 770~404)에 손무(孫武 : B.C. 541~482)라는 명장에서 시작하여 그의 손자 빈(孫嬪)대에 이르러 완성된 인류 전쟁 역사상 전무후무한 병서로 알려져 있다.

손무가 생존하던 춘추시대는 주나라 12대 유왕이 포사라는 여인에 빠져 국운이 쇠해져 견융(犬戎)의 침공을 받으면서 시작되었다. 이때 주 왕조는 낙양으로 천도(B.C. 770)했다. 주왕조가 낙양으로 천도하기 이전 시대를 서주 이후를 동주라고 칭하며, 동주시대는 다시 춘주시대와 전국시대로 구분한다.

춘추시대는 한(韓), 위(魏), 조(趙)의 삼씨가 나라를 분할하여 제후로 독립할 때까지(B.C. 403)이고, 이후 진시황(秦始皇)이 천하를 통일(B.C. 221)할 때까지가 전국시대로 불린다.

손자병법은 동양 고전 중의 고전이자 인류 역사 최고의 병법서로 통한다. 손자병법은 나폴레옹도 탐독하는 애장서였으며, 현재는 미국을 비롯한 서구 사관생도들도 공부하고 있다.

손자병법의 구성은 제1편 시계(始計)로부터 제13편 용간(用間)까지 총 6,109여자로 구성되어 있다. 그 중 '지피지기(知彼知己)면 백전불태(百戰不殆)' 즉 '적을 알고 나를 알면 백번 싸워 백번 위태롭지 않다.'는 구절은 삼척동자(三尺童子)도 알고 있는 명구이기도 하다.

손자병법은 시대와 병법서를 뛰어넘어 국가 경륜의 본체를 설파하고 있다. 그래서 현대에 이르러서는 국가의 지도자뿐만이 아니라 각 기업의 생존전략으로써 손자병법이 각광을 받고 있으며, 강연 요청도 쇄도하도 한다. 또한 손자병법에는 심오한 동양 철학의 진수가 녹아있고, 다양한 중국 고사의 뿌리가 있어 일반인의 교양이나 처세학으로도 널리 읽혀지고 있다.

특히 손자병법은 제왕과 장수가 갖추어야 할 덕목과 전쟁 판단에 대하여 명쾌하게 설파하고 있다. 이는 리더십의 본질을 꿰뚫고 있는 손자의 지휘론(리더십)에 감탄을 금하지 않을 수 없는 대목이다.

비록 2,500여 년이라는 세월이 흘렀지만 군대를 통솔하는 리더십은 예나 지금이나 변함이 없다. 손자의 심오한 사상을 통하여 리더의 소양을 확인해 보는 것도 의미가 있으리라 생각된다.

2. 손자병법 리더십 연구

가. 손자병법 리더십

(1) 부하 관련 문구

(가) 부하를 사랑과 정으로 지휘하라.

> 視卒如嬰兒故可與之赴深谿視卒如愛子故可與之俱死
> 시졸여영아고가여지부심계시졸여애자고가여지구사
> 제10편 지형(地形)

(나) 엄정한 군기를 유지하라.

> 卒未親附而罰之則不服不服則難用也卒已親附而罰不行則不可用也
> 졸미친부이벌지즉불복불복즉난용야졸이친부이벌불행즉불가용야
> 제9편 행군(行軍)

(2) 리더 관련 문구

(가) 자신감 있게 행동하라.

> 不可勝在已可勝在敵
> 불가승재기가승재적
> 제4편 군형(軍形)

(나) 리더의 자질을 구비하라.

> 將者智信仁勇嚴也
> 장자지신인용엄야
> 제1편 시계(始計)

(다) 부하로부터 신뢰와 존경을 받아라.

> 道者令民與上同意也可與之死可與之生而不畏危也
> 도자영민여상동의야가여지사가여지생이불외위야
> 제1편 시계(始計)

(3) 조직 관련 문구

(가) 팀워크를 형성하라.

> 凡治衆如治寡分數是也鬬衆如鬬寡形名是也
> 범치중여치과분수시야투중여투과형명시야
> 제5편 병세(兵勢)

> 故善戰者求之於勢不責之於人故能擇人而任勢任勢者其戰人也如轉木石木石之性安則靜危則動方則止圓則行
> 고선전자구지어세불책지어인고능택인이임세임세자기전인야여전목석목석지성안즉정위즉동방즉지원즉행
> 제5편 병세(兵勢)

(나) 전장 상황을 고려한 실전적인 교육훈련을 하라.

> 故善戰者立於不敗之地而不失敵之敗也
> 是故勝兵先勝而後求戰敗兵先戰而後求勝
> 고선전자입어불패지지이불실적지패야
> 시고승병선승이후구전패병선전이후구승
> 제4편 군형(軍形)

(다) 죽어도 함께 싸우겠다는 전우애를 고양시켜라.

> 上下同欲者勝
> 상하동욕자승
> 제3편 모공(謨攻)

(4) 전장 관련 문구

(가) 전장 상황에 대한 정확한 정보를 공유하고 점검하라.

> 知彼知己百戰不殆不知彼而知己一勝一負不知彼不知己每戰必敗
> 지피지기백전불태부지피이지기일승일부부지피부지기매전필패
> 제3편 모공(謨攻)

(나) 우발계획을 수립하라.

> 凡戰者以正合以奇勝故善出奇者無窮如天地不竭如江海
> 범전자이정합이기승고선출기자무궁여천지불갈여강하
> 제5편 병세(兵勢)

(다) 전장 공포를 효율적으로 관리하라.

> 殺敵者怒也取敵之利者貨也
> 살적자노야취적지리자화야
> 제2편 작전(作戰)

(라) 실전에서 사상자가 많지 않다는 객관적 통계를 알려줘라.

> 以事勿告以言犯之以利勿告以害
> 이사물고이언범지이이물고이해
> 제11편 구지(九地)

(마) 지휘관(자) 유고 시 대책을 수립하라.

> 夫將者國之輔也輔周則國必强輔隙則國必弱
> 부장자국지보야보주즉국필강보극즉국필약
> 제3편 모공(謨攻)

(5) 임무형 지휘 관련 문구

(가) 독단을 활용하라.

> 故戰道必勝主曰無戰必戰可也
> 戰道不勝主曰必戰無戰可也
> 故進不求名退不避罪惟民是保而利於主國之寶也
> 고전도필승주왈무전필전가야
> 전도불승주왈필전무전가야
> 고전불구명퇴불피죄유민시보이리어주국지보야
>
> 제10편 지형(地形)

(나) 전장 환경에 따라 융통성을 발휘하라.

> 勢者因利而制權也
> 세자인리이제권야
>
> 제1편 시계(始計)

나. 문구 알아보기

(1) 부하 관련 문구

(가) 부하를 사랑과 정으로 지휘하라.

'視卒如嬰兒故可與之赴深谿視卒如愛子故可與之俱死'는 '병사 보기를 어린아이 보는 것과 같이하면 병사들은 깊고 험한 골짜기 속까지라도 가서 함께 할 수 있다.'로 해석할 수 있다. 따라서 병사 보기를 사랑하는 자식같이 하면 병사들은 자신의 장수를 위해 죽음도 마다하지 않는다.'로 해석할 수 있다.

리더가 부대원을 마치 어린아이나 자식처럼 사랑과 정으로 대하고 지휘해야 그들로부터 마음을 얻을 수 있다. 항상 생사고락을 함께하며 그들의 복지와 안위에 대하여 고민하라. 부하들은 리더와 함께 어떠한 고난과 위험도 함께하면서 기꺼이 죽음도 함께 한다.

(나) 엄정한 군기를 유지하라.

'卒未親附而罰之則不服不服則難用也卒已親附而罰不行則不可用也'는 '병사들과 아직 친해지기 전에 벌을 주면 불복하고, 불복하면 통솔하기 어렵다. 병사들과 이미 친해졌는데 벌을 주지 않으면, 이 또한 군기가 없어 통솔이 어렵다.' 로 해석할 수 있다.

이는 군율이 태산 같음을 보여서 병사들을 지휘해야하다는 의미이다. 병사들이 규율과 책임을 잘 모르고 익숙하지 않을 때는 가르치고 교정해야 하며 이를 잘 알고도 하지 않는다면 엄히 문책해야 군율을 바로 세우고 군기를 세울 수 있다.

(2) 리더 관련 문구

(가) 자신감 있게 행동하라.

'不可勝在已可勝在敵'는 '적이 이기지 못하게 하는 것은 나에게 있고, 내가 이기는 것은 적에게 달려있다.'로 해석할 수 있다. 전쟁을 비롯한 모든 문제의 이기고 지는 문제는 결국 나에게 달려있다. 항상 자신감을 견지하고 행동하라. 부하들은 리더의 자신감 있는 사고와 행동에서 힘을 얻는다.

(나) 리더의 자질을 구비하라.

'將者智信仁勇嚴也'는 '장수는 지략과 신뢰, 인애, 용기, 엄정함을 갖추어야 한다.'로 해석할 수 있다. 손자는 장수가 겸비해야 할 리더의 원칙 5가를 제시했다. 리더는 지략과 용기를 겸비하고 지휘하며, 신뢰와 인애의 정신이 배어 있어야 하고 엄정함이 밑바탕 되어야 한다.

(다) 부하로부터 신뢰와 존경을 받아라.

'道者令民與上同意也可與之死可與之生而不畏危也'는 '道(리더십)란 백성으로 하여금 윗사람과 한마음이 되어, 함께 죽을 수 있고 함께 살 수 있게 하여 위험을 두려워하지 않게 하는 것이다.'로 해석할 수 있다.

리더십은 부하들로부터 존경과 신뢰를 받아야 가능한 것으로 어떠한 어려움과 험난함에 처해도 부하들이 생과 사를 같이 하고자 하며 두려워하지 않도록 하는 것이다.

(3) 조직 관련 문구

(가) 팀워크를 형성하라.

'凡治衆如治寡分數是也鬪衆如鬪寡形名是也'는 '무릇 많은 군사들을 지휘하면서도 적은 수의 군사들을 지휘하듯이 하는 것은 군사들을 나누어 편성하기 때문이다. 또 다수의 병사들을 싸우게 하면서도 소수의 군사들이 싸우는 것과 같은 것은 다양한 지휘 수단을 사용하기 때문이다.'로 해석할 수 있다.

'故善戰者求之於勢不責之於人故能擇人而任勢 任勢者其戰人也如轉木石木石之性安則靜危則動方則止圓則行'는 '자고로 전쟁을 잘하는 자는 승리를 세에서 구하고 사람을 책하지 않는다. 그러므로 능히 인재를 가려 뽑아 세를 맡긴다. 세에 맡기는 것은 싸우게 하되 통나무나 돌을 굴리는 것과 같다. 통나무나 돌의 성질은 안정되면 정지하고 위험한 곳에 두면 움직이고, 모나면 정지하고 둥글면 굴러간다.'로 해석할 수 있다.

리더는 부대가 효율적이고 효과적으로 임무를 달성할 수 있도록 조직을 편성하고 조직을 운용할 수 있는 시스템을 구축해야 한다. 조직은 다시 팀을 구성하고 업무분장을 통해 자전적인 흐름에 따라 임무 수행이 될 수 있도록 통제되어야 하며, 팀원 간에 유기체적인 협조와 조정을 통해서 임무 수행이 원활하도록 팀정신을 키워야 한다.

(나) 전장 상황을 고려한 실전적인 교육훈련을 하라.

'故善戰者立於不敗之地而不失敵之敗也是故勝兵先勝而後求戰敗兵先戰而後求勝'은 '자고로 전쟁을 잘하는 자는 적에게 패배하지 않을 준비를 하며, 적을 패배시킬 수 있는 기회를 놓치지 않는다.

그러므로 승리하는 부대는 먼저 승리하고 나서 전쟁을 하고, 패배하는 부대는 준비 없이 전쟁을 시작한 후에 승리를 추구하려 한다.'로 해석해 볼 수 있다.

전쟁을 위해서는 전쟁 이전에 사전 철저하게 준비해야 한다. 적을 제압할 수 있는 철저한 준비가 이루어진 후 전쟁을 하여 적을 제압하는 것이다. 즉 사전 전장 상황을 고려한 철저하고 실전적인 교육훈련을 통해 적을 이길 수 있는 만반의 준비가 갖추어졌을 때 실전에서 승리할 수 있다.

(다) 죽어도 함께 싸우겠다는 전우애를 고양시켜라.

'上下同欲者勝'은 '상하의 부대원이 함께하고자 할 때 승리한다.'로 해석할 수 있다. 부대는 리더와 팔로워 즉, 지휘관(자)과 부대원은 혼연일체(渾然一體)가 되어야 한다.

부대원 간에는 전우애로 깊게 단결하고, 함께 살고 함께 죽고자 마음먹고 전투를 진행하는 부대는 반드시 승리할 수 있다. 부대의 단결력은 그 무엇보다도 귀중한 것으로 전투력 창출의 제1요소로 볼 수도 있다. 고금의 전쟁 역사에서 단결한 부대가 패배한 경우는 드물었다.

(4) 전장 관련 문구

(가) 전장 상황에 대한 정확한 정보를 공유하고 점검하라.

'知彼知己百戰不殆不知彼而知己一勝一負不知彼不知己每戰必敗'는 '적의 능력과 의도를 알고 아군이 능력과 의도를 알고 있으면, 백번 싸워도 위태롭지 않다. 적의 능력과 의도를 알지 못하고 아군의 그것만 알고 있으면, 한번은 승리하고 한 번은 패한다. 적의 능력과 의도를 모르고 아군의 능력과 의도를 모른다면, 싸울 시마다 패한다.'로 해석할 수 있다.

전장에서 정보의 중요성을 강조하는 내용이다. 적의 의도와 능력은 물론 적의 아군의 그것에 대해서도 정확한 정보를 공유하도록 해야 한다. 전장 상황에 대한 정확한 정보의 공유와 유통이 빠른 대처와 조치로 승리를 달성할 수 있는 첩경이 되는 것이다.

(나) 우발계획을 수립하라.

'凡戰者以正合以奇勝故善出奇者無窮如天地不竭如江海'는 '모든 전쟁은 정공으로 대치하고 기공으로 승리한다. 그러므로 기계를 잘 구사하는 자는 그 기계가 천지와 같이 무궁하고 강하와 같이 마르지 않는다.'로 해석할 수 있다.

전장 상황은 유동적이다. 모든 계획은 변경과 수정이 불가피하다. 최초에는 계획된 정공법으로 공격하나 상황에 따라 기공법으로 전환할 수 있어야 승리할 수 있다. 따라서 적의 기공법과 상황변동에 대처할 수 있는 다양한 우발계획의 수립이 필요하다.

(다) 전장 공포를 효율적으로 관리하라.

'殺敵者怒也取敵之利者貨也'는 '적을 죽이는 것은 병사들의 적개심이며, 적에게 전리품을 획득한 자는 포상해야 한다.'로 해석할 수 있다. 전장은 전투원으로 하여금 공포를 유발시킨다. 전투원이 공포심을 극복하고 용감하게 싸울 수 있는 원동력은 적개심이다. 따라서 전장에서 적절한 적개심을 유발하여 발생할 수 있는 전장 공포를 제거하여야 한다.

(라) 실전에서 사상자가 많지 않다는 객관적 통계를 알려줘라.

'以事勿告以言犯之以利勿告以害'는 '실제(행위)로써 움직이게 하고 말로만 해서는 안 된다. 유리한 것(이익 되는 것)을 말해 움직이게 하고 해되는 것은 말하지 말아야 한다.'로 해석할 수 있다.

실전에서 병사들의 전장 공포를 극복하고 사기를 높이기 위해서는 필요한 사항은 적극적으로 홍보하여야 한다. 영화에서 보는 것처럼 실제로는 사상자가 많지 않다는 객관적 사실을 말하고 데이터를 제시함으로 해서 전장 공황을 유발하지 않도록 해야 한다.

(마) 지휘관(자) 유고 시 대책을 수립하라.

'夫將者國之輔也輔周則國必强輔隙則國必弱'는 '무릇 장수는 국가를 보좌하는 나라의 기둥이다. 즉 기둥이 보좌하면 나라는 반듯이 강하고, 기둥에 틈이 있으면 나라는 곧 반드시 약해진다.'로 해석할 수 있다.

전장에서 리더의 중요성은 무한대이다. 리더는 조직의 핵심으로서 임무를 수행하나 유고 시에는 그만큼 큰 많은 문제점을 야기시킨다. 따라서 리더의 유고에 대한 적절한 대비책을 수립하여 유사시 조직에 혼란이 발생하지 않도록 사전 준비를 해 두어야 한다.

(5) 임무형 지휘 관련 문구

(가) 독단을 활용하라.

'故戰道必勝主曰無戰必戰可也戰道不勝主曰必戰無戰可也故進不求名退不避罪惟民是保而利於主國之寶也'의 문구는 '전쟁의 법도에 보아 반드시 이길 수 있다고 한다면 설사 군주가 싸우지 말라고 해도 싸워야 하며, 검토 후 이길 수 없다고 한다면 설사 군주가 반드시 싸우라 해도 싸우지 말아야 한다. 장수가 진격하는 것도 자신의 공명을 위함이 아니요 후퇴하는 것도, 죄를 피하고자 함도 아니요, 다만 백성을 보호하고 군주를 이롭게 하려 함이니 이런 자는 나라의 보배이다.'라고 해석할 수 있다.

현대의 임무형 지휘의 개념을 뛰어넘는 사고의 발현이다. 손자는 임무형 지휘보다 더 큰 개념의 현장 지휘자에 대한 과감한 판단을 요구하고 있다. 리더는 전장에서도 도덕적 용기가 있어야 한다. 또는 리더는 이러한 결심을 할 수 있는 군사적 혜안과 식견을 구비해야 한다.

이렇듯 훌륭한 전술은 고대와 현대가 따로 없으며 어떻게 이를 잘 활용하여 승리를 쟁취하느냐가 관건이다 할 수 있다.

(나) 전장 환경에 따라 융통성을 발휘하라.

'勢者因利而制權也'는 '세라는 것은 유리한 바에 따라서 전장 상황 하에서 상황에 부합하도록 임기응변적인 조치를 취하는 것이다.'로 해석할 수 있다.

리더는 전장 환경의 변동과 상황의 유동에 따라 적절한 융통성을 발휘해야 한다. 군사작전에서 가장 중요한 요소 중의 하나가 융통성이다. 융통성 없이 작전을 수행하게 되면 다시는 헤어 나오지 못하는 구렁텅이에 빠져 작전을 그르칠 수 있다.

知彼知己 百戰不殆 나를 알고 적을 알면 백번 싸워 위태롭지 않다.

– 孫子

⁂ **수시평가(과제평가) 21차 :** 작성 후 절취선을 따라 분리 제출하시오.

❐ 손자의 리더십 문구를 읽어 보세요.

교재　손자병법 리더십

❐ 고대 손자가 생각했는 리더십과 현대 리더십을 비교하고 요약하여 발표하세요.

참고 서적

논문

강경표(2020), 〈민족정체성, 리더십 유형, 다문화접촉이 군(軍) 장교의 다문화수용성 에 미치는 영향에 관한 연구〉, 순천대학교대학원 박사학위논문

이범훈(2002), 〈초급간부의 리더십에 관한 연구〉, 조선대학교 석사학위 논문

이병익(2003), 〈군 초급간부의 리더십 향상에 관한 연구〉, 동국대학교 석사학위논문

이선규(2008), 〈초급간부 리더십교육에 관한 연구〉, 전남대학교 석사학위 논문

이승재(2014), 〈육군 리더십 발전을 위한 지휘통솔의 재고찰〉, 군사평론

서적 및 자료

강경표 외(2012), 『軍 리더십 길라잡이』, 진영사

국방대학교(2010), 「고급제대 리더의 길잡이 국방리더십 저널」

국방부(2013), 『정신교육 기본교재』

권석만 외(1966), 『심리학 개론』, 박영사

김진만 외(2009), 『군대와 윤리』, 서울: 양서각

노병천(2006), 『도해 孫子兵法』, 연경문화사

대한민국 부사관 총연맹(2007), 『인간 중심의 리더십』, Global

디르크. W. 외팅, 박정이 역, (1997), 『임무형 전술의 이제와 오늘』

로버트 엘 베이트 맨 3세 편저, 윤주학 역(2000), 『디지털 전쟁』, 문경출판사

박유진 외(2016), 『군리더십의 이해와 개발』, 양서각

백기복 외(2000), 『리더십, 서울』 : 선학사

신응섭 외(1999), 『리더십의 이론과 실제』, 서울: 학지사

심윤기(2015), 『군 상담학의 이해와 적용』, 서울: 창지사

임채상(2014), 『육군 리더십 철학 정립 연구(리더십 센터 연구보고서)』

이강옥 외(2001), 『리더십의 새로운 패러다임』, 서울: 무역경영

최병순(2011), 「전장공포 극복 방안」, National Defense Leadership Journal

최애경(2015), 『인간관계의 이해와 실천』, 서울: 청람

김창수(2014), 『부사관과 학생의 리더십』

김동두(2013), 『위국헌신 리더십』
육군교육사령부(2011), 『전장리더십』
육군교육사령부(2016), 『국가와 안보』
육군교육사령부(2017), 『리더십(양성과정)』
육군본부(1999), 『군사용어사전』 (교육참고 101-20-1)
육군본부(2011), 『군리더십』
육군본부(2006), 『인간중심 리더십에 기반을 둔 임무형 지휘』
육군3사관학교(2010), 『리더십 Leadership』
Canadian National Defence(2007), 「Leadership in the Canadian Forces」, Ottawa : Canadian National Defence HQS, p7.
[네이버 백과사전]
[두산백과]

저자

강경표(姜京杓)

전주대학교 역사교육과(학사)
전주대학교 대학원 한국사 전공(석사)
순천대학교 대학원 행정학 전공(박사)
前 육군3사관학교 전쟁사학과 교수
우석대학교 대학원 국방행정학과 교수
現 동강대학교 군사학부 교수
한국평화협력연구원 통일아카데미 교수
재향군인회 안보 교수
한국 NGO신문 객원 칼럼니스트

논문 : 〈1950년대 전쟁문학 속에 나타난 전장 리더십 연구〉
〈6·25 전쟁기 경찰작전에 관한 소고(小考)〉 등 다수

저서 : 군 리더십 길라잡이(공저)
한국사 능력 검정시험(기본편, 심화편)
초급 간부를 위한 한국 근현대사
주제가 있는 한국사
한권으로 읽는 6·25 전쟁사
전쟁의 발견

이승진(李昇珍)

육군3사관학교 23기 졸업 및 임관
영남대학교 정책학 석사
대구가톨릭대학교 정책학 박사
前 육군3사관학교 정훈공보실장 및 교관
前 육군본부 장교 및 부사관 선발 면접위원
前 안동과학대 의무부사관과 교수

논문 : 〈인지중심의 군 정신교육 개선방안 연구〉 등 다수

한만민(韓萬敏)

現 광주 동강대학교 군사학부 교수
現 광주 동강대학교 교무입학 부처장